空间几何常数

杨长森　李海英　著

河南师范大学学术专著出版基金
国家自然科学基金(11271112；11201127)　　资助
河南省高校科技创新团队(14IRTSTHN023)

U0313050

科学出版社

北京

内 容 简 介

Banach 空间上几何常数是用来刻画空间几何性质最有效的方法之一. 本书介绍了利用凸性模、光滑模等基本常数, 研究 Banach 空间上一致非方常数、von Neumann-Jordan 常数、James 型常数的若干性质, 如这些常数与一致非方的关系、这些常数之间的联系等. 全书共三章: 第 1 章介绍了 Banach 超幂等预备知识. 第 2 章介绍了 von Neumann-Jordan 常数、James 常数等几个重要几何常数. 第 3 章介绍了这些常数的进一步推广, 主要是 James 型常数和广义 James 常数及广义 von Neumann-Jordan 的性质和一些特殊空间的常数的计算等.

本书可作为基础数学专业泛函分析方向的研究生教材或参考书, 也可供有关专业的教师和科研工作者参考.

图书在版编目(CIP)数据

空间几何常数/杨长森, 李海英著. —北京: 科学出版社, 2015.7
ISBN 978-7-03-045260-3

I. ①空… II. ①杨… ②李… III. ①多堆空间几何–常数 IV. ①O184

中国版本图书馆 CIP 数据核字(2015) 第 172211 号

责任编辑: 李 欣 / 责任校对: 蒋 萍
责任印制: 徐晓晨 / 封面设计: 陈 敬

科 学 出 版 社 出版
北京东黄城根北街 16 号
邮政编码: 100717
http://www.sciencep.com

北京建宏印刷有限公司 印刷
科学出版社发行　　各地新华书店经销
*
2015 年 9 月第 一 版　　开本: 720 × 1000 B5
2019 年 1 月第四次印刷　　印张: 9 1/2
字数: 191 000
定价: 59.00 元
(如有印装质量问题, 我社负责调换)

前　　言

Banach 空间上几何理论在泛函分析中有着重要的地位, 空间单位球面的几何性质的好坏, 直接影响着空间的结构和取值于其上算子的性质, 而空间的几何常数是用来刻画球面的几何性质的一个有力工具. 早在 1936 年, Clarkson 就引入了空间的凸性模, 1963 年, Lindenstrauss 又引入了光滑模, 并得到这两个常数之间有密切的联系. 1937 年, Clarkson 为了更好地刻画 Jordan 和 von Neumann 关于内积空间的著名工作, 定义 von Neumann-Jordan 常数 $C_{\mathrm{NJ}}(X)$ 为使得下式对一切 $x, y \in X$ 且 $(x, y) \neq (0, 0)$ 都成立的最小常数 C:

$$\frac{1}{C} \leqslant \frac{\|x + y\|^2 + \|x - y\|^2}{2(\|x\|^2 + \|y\|^2)} \leqslant C.$$

这些常数出现后, 引起许多学者关注和研究. 例如, Dhompongsa 等证明了如果 $C_{\mathrm{NJ}}(X) < \dfrac{3 + \sqrt{5}}{4}$, 则 X 具有一致正规结构, 2006 年该结果又被 Saejung 改进为如果 $C_{\mathrm{NJ}}(X) < \dfrac{1 + \sqrt{3}}{2}$, 则 X 和 X^* 都具有一致正规结构. 本书介绍了这方面的基本理论和作者最近获得的一些结果, 鉴于篇幅有限, 有些结果没有列出.

全书共三章:

第 1 章介绍了 Clarkson 不等式、Banach 超幂等预备知识.

第 2 章介绍了 James 常数、von Neumann Jordan 常数等几个重要几何常数的性质和联系, 对一些具体空间, 给出了一些几何常数的精确值.

第 3 章介绍了更广义的几何常数如 James 型常数、广义 James 常数及广义 von Neumann-Jordan 常数的性质, 特别地计算出一些具体空间的 James 型常数的值.

本书主要内容是由作者论文整理而成的, 作者感谢导师李国平院士, 是他引导作者对 Banach 空间上几何理论产生了浓厚的兴趣; 感谢美国费城社区学院的高继教授, 他给作者提供了许多资料, 多年来他给予我们许多关怀和培养; 最后感谢武汉大学赵俊峰和刘培德教授的关心、鼓励与帮助, 并推荐本书在科学出版社出版.

在本书的写作过程中, 还得到许多研究生的帮助, 在此也表示十分感谢. 本书的出版, 得到国家自然科学基金 (11271112; 11201127)、河南师范大学学术专著出版基金和河南省高校科技创新团队 (14IRTSTHN023) 基金的支持.

　　由于作者水平有限, 书中难免有不当之处, 欢迎读者批评指正!

杨长森　李海英

河南师范大学数学与信息科学学院

目　　录

第 1 章　预 备 知 识

本章首先介绍一些预备知识.

1.1　Banach 空间的超幂

设 I 是一个指标集, 例如自然数集 N.

定义 1.1.1　设 $\mathscr{F}$ 是 I 的一些子集构成一个非空集族, 如果满足

(1) $\varnothing \notin \mathscr{F}$.

(2) $A \in \mathscr{F}$, 且 $A \subseteq B \subseteq I$, 则 $B \in \mathscr{F}$.

(3) $A, B \in \mathscr{F}$, 则 $A \bigcap B \in \mathscr{F}$.

则称 $\mathscr{F}$ 是 I 上的一个滤子. 显然, I 包含在一切滤子中.

例 1.1.1　设 I 是一个无限指标集, 集族 $\{A \subseteq I : I \backslash A$ 是有限集$\}$ 构成一个滤子, 叫 Fréchet 滤子.

例 1.1.2　若 $i_0 \in I$, 则 $\mathscr{F} = \{A : A \subseteq I, i_0 \in A\}$ 构成一个滤子, 叫平凡滤子或非自由滤子.

例 1.1.3　设 (X, τ) 是拓扑空间, $x \in X$, 以 x 为内点的 X 子集合的全体, 即 x 邻域系构成一个滤子, 记为 $\mathscr{U}(x)$.

定义 1.1.2　I 上的一个滤子 $\mathscr{U}$ 如果相对集合的包含关系是最大的, 则称它是一个超滤子. 由 Zorn 引理, 每个滤子都可包含在某个超滤子中.

定义 1.1.3　设 I 是一个集合, $\mathscr{F}_0$ 是 I 的一些子集构成的子集族, 如果满足:

(1) $\varnothing \notin \mathscr{F}_0$.

(2) $A, B \in \mathscr{F}_0$, 则存在 $C \in \mathscr{F}_0$ 使得 $C \subseteq A \bigcap B$.

则称 $\mathscr{F}_0$ 是一个滤子基.

对任意的一个滤子基 $\mathscr{F}_0$, 都可生成一个滤子:

$$\mathscr{F} = \{A : A \subseteq I, \exists B \in \mathscr{F}_0, \text{使得} B \subseteq A\}.$$

例 1.1.4　设 (X, τ) 是拓扑空间, $x \in X$, 以 x 为内点的开集的全体, 构成一个滤子基.

定义 1.1.4 设 (X, τ) 是拓扑空间, $x \in X$, $\mathscr{F}$ 为 X 上的一个滤子, 称 $\mathscr{F}$ 收敛于 x, 如果对 x 的任意开邻域 U, 都存在 $A \in \mathscr{F}$ 使得 $A \subseteq U$. 等价于 x 的邻域系 $U(x) \subseteq \mathscr{F}$.

定理 1.1.1 设 $\mathscr{U}$ 是一个 I 上的一个超滤子, 则对任意集合 $A \subseteq I$, 要么 $A \in \mathscr{U}$, 要么其余集 $A^c \in \mathscr{U}$.

证明 令 $A \bigcap \mathscr{U} = \{A \bigcap B : B \in \mathscr{U}\}$, $A^c \bigcap \mathscr{U} = \{A^c \bigcap B : B \in \mathscr{U}\}$, 则这两个集族中至少有一个不含空集. 否则存在 $B_1, B_2 \in \mathscr{U}$, 使得 $A \bigcap B_1 = A^c \bigcap B_2 = \varnothing$, 从而

$$B_1 \bigcap B_2 = (A \bigcap B_1 \bigcap B_2) \bigcup (A^c \bigcap B_1 \bigcap B_2) = \varnothing,$$

此与 $B_1 \bigcap B_2 \in \mathscr{U}$ 矛盾.

(1) 如果 $\varnothing \notin A \bigcap \mathscr{U}$, 则由滤子基 $A \bigcap \mathscr{U}$ 生成的滤子 $\mathscr{F}$ 就包含 $\mathscr{U}$, 而 $\mathscr{U}$ 是超滤子, 可知 $\mathscr{F} = \mathscr{U}$, 而 $A = A \bigcap I \in \mathscr{F}$, 故 $A \in \mathscr{U}$.

(2) 如果 $\varnothing \notin A^c \bigcap \mathscr{U}$, 类似可证 $A^c \in \mathscr{U}$.

推论 1.1.1 对 I 上的一个超滤子 $\mathscr{U}$, 如果 $A_1 \bigcup A_2 \bigcup \cdots \bigcup A_n \in \mathscr{U}$, 则至少有一个 $A_i \in \mathscr{U}$.

证明 假设 $A_1, A_2, \cdots, A_{n-1} \notin \mathscr{U}$, 则 $A_1^c, A_2^c, \cdots, A_{n-1}^c$ 都在 $\mathscr{U}$ 中, 于是

$$(A_1^c \bigcap A_2^c \bigcap \cdots \bigcap A_{n-1}^c) \bigcap (A_1 \bigcup A_2 \bigcup \cdots \bigcup A_n) \in \mathscr{U},$$

即 $A_1^c \bigcap A_2^c \bigcap \cdots \bigcap A_{n-1}^c \bigcap A_n \in \mathscr{U}$, 故 $A_n \in \mathscr{U}$.

推论 1.1.2 一个超滤子是平凡的充要条件是它包含有限集.

证明 如果超滤子 $\mathscr{U}$ 含有 $\{x_1, x_2, \cdots, x_n\}$, 则由推论 1.1.1, 至少有一个 i 使得 $\{x_i\} \in \mathscr{U}$, 从而对任意 $A \in \mathscr{U}$, 有 $\varnothing \neq \{x_i\} \bigcap A \in \mathscr{U}$, 故 $\{x_i\} = \{x_i\} \bigcap A \subseteq A$. 故 $\mathscr{U}$ 是平凡的.

反之, 如果 $\mathscr{U}$ 是平凡的, 则存在 x_0 使得对任意 $A \in \mathscr{U}$ 有 $x_0 \in A$, 因 $x_0 \notin \{x_0\}^c$, 故必有 $\{x_0\}^c \notin \mathscr{U}$, 于是 $\{x_0\} \in \mathscr{U}$.

定义 1.1.5 I 的超滤子 $\mathscr{U}$ 称为是可数完备的, 如果它在可数交的条件下是封闭的.

定理 1.1.2 I 的超滤子 $\mathscr{U}$ 是可数不完备的充要条件是存在 $\mathscr{U}$ 中一列元素 $A_0, A_1, \cdots, A_n, \cdots$ 使得 $I = A_0 \supseteq A_1 \supseteq \cdots \supseteq A_n \supseteq \cdots$, 且 $\bigcap_0^\infty A_n = \varnothing$.

证明 充分性显然. 下证必要性: 假设存在 $\mathscr{U}$ 中一列元素 $B_1, B_2, \cdots, B_n \cdots$

使得 $\bigcap_1^\infty B_n \notin \mathscr{U}$, 则 $\bigcup_1^\infty B_n^c \in \mathscr{U}$, 令 $A_0 = I, A_k = (B_1 \bigcap \cdots \bigcap B_k) \bigcap \left(\bigcup_1^\infty B_n^c \right), k \geqslant 1$, 可知结论成立.

定理 1.1.3 设 X, Y 是两个集合, $f : X \to Y$ 是满射, $\mathscr{U}$ 是 X 上的超滤子, 则 $\mathscr{F} = \{f(A) : A \in \mathscr{U}\}$ 是 Y 上的超滤子.

证明 显见 $\varnothing \notin \mathscr{F}$, 如果 $A_1, A_2 \in \mathscr{U}$, 令 $M = f(A_1) \bigcap f(A_2)$, 易见 $M \supseteq f(A_1 \bigcap A_2)$, 故 $A_1 \bigcap A_2 \subseteq f^{-1}(M)$, 从而 $f^{-1}(M) \in \mathscr{U}$, 且根据满射的性质知 $M = f[f^{-1}(M)] \in \mathscr{F}$; 类似地, 如果 $Q \supseteq f(A), A \in \mathscr{U}$, 可知 $Q = f[f^{-1}(Q)] \in \mathscr{F}$, 所以 $\mathscr{F}$ 是一个滤子. 如果 $\mathscr{F}$ 不是一个超滤子, 则存在一个滤子 $\mathscr{F}_0$ 使得 $\mathscr{F}$ 真包含在 $\mathscr{F}_0$ 中. 现取 $B \in \mathscr{F}_0 \backslash \mathscr{F}$, 令 $\mathscr{B} = \{f^{-1}(B) \bigcap A : A \in \mathscr{U}\}$. 由于 $B \notin \mathscr{F}$, 故 $f^{-1}(B) \notin \mathscr{U}$, 下证 $\mathscr{B}$ 是一个滤子基, 事实上, 由 $\mathscr{F}_0$ 是一个滤子, 故对任意 $A \in \mathscr{U}$ 有 $f(A) \bigcap B \neq \varnothing$, 可取 $y \in B \bigcap f(A)$, 于是有 $a \in A$ 使得 $f(a) = y$, 因此 $a \in f^{-1}(B) \bigcap A$, 所以 $\varnothing \notin \mathscr{B}$. 显然由 $\mathscr{B}$ 生成的滤子, 就真包含 $\mathscr{U}$ (因为 $f^{-1}(B) \notin \mathscr{U}$), 此与 $\mathscr{U}$ 是超滤子矛盾.

定义 1.1.6 设 (X, τ) 是 Hausdorff 拓扑空间, $x_0 \in X, \mathscr{U}$ 是 I 上的一个滤子, 且 $(x_i)_{i \in I} \subseteq X$, 如果对 x_0 的每个邻域 N, 有 $\{i : i \in I, x_i \in N\} \in \mathscr{U}$, 则称 $(x_i)_{i \in I}$ 关于滤子 $\mathscr{U}$ 收敛于 x_0, 记为

$$\lim_{\mathscr{U}} x_i \equiv \tau - \lim_{\mathscr{U}} x_i = x_0.$$

显然, 上述极限如果存在必唯一.

定理 1.1.4 设 K 是一个 Hausdorff 拓扑空间, 则 K 是紧空间的充要条件是对所有 $(x_i)_{i \in I} \subseteq K$, 及 I 上的非平凡超滤子 $\mathscr{U}$, 有 $\lim_{\mathscr{U}} x_i$ 存在.

证明 设 K 是紧空间, 且 $\mathscr{U}$ 是 I 上的非平凡超滤子, 如果 $\lim_{\mathscr{U}} x_i$ 不收敛, 则对每一点 $x \in K$, 都存在一个邻域 $N(x)$, 使得 $\{i \in I : x_i \in N(x)\} \notin \mathscr{U}$, 于是由定理 1.1.1 可知, $\{i \in I : x_i \notin N(x)\} \in \mathscr{U}$. 由 K 是紧空间, 故存在有限个这样的邻域 $\{N(z_j), j = 1, 2, \cdots, m\}$ 将 K 覆盖, 故 $\varnothing = \{j : x_j \notin K\} = \bigcap_{k=1}^m \{j : x_j \notin N(z_k)\} \in \mathscr{U}$, 从而矛盾.

反之, 假若 K 不紧, 则存在一族开集 $\{B_\alpha\}_{\alpha \in I}$ 覆盖 K, 但没有有限子覆盖, 令 $\Lambda = \{\lambda : \lambda = (\alpha_1, \alpha_2, \cdots, \alpha_n), \alpha_i \in I\}$, 对每个 $\lambda = (\alpha_1, \alpha_2, \cdots, \alpha_n) \in \Lambda$, 可取 $x_\lambda \in K \backslash \bigcup_1^n B_{\alpha_i}$, 令 $\mathscr{U}$ 是 Λ 的具有有限余集的子集的全体构成的非平凡超滤子, 则可验证 $\{x_\lambda\}_{\lambda \in \Lambda}$ 关于 $\mathscr{U}$ 不收敛. 事实上, 假如它收敛于某点 x_0, 并且 $x_0 \in B_{\alpha_0}$, 那

么应有 $\{\lambda : x_\lambda \in B_{\alpha_0}\} \in \mathscr{U}$, 故其余集不在 $\mathscr{U}$, 且是有限集, 但由前面可知有无穷个 $x_\lambda \notin B_{\alpha_0}$ 中, 从而矛盾.

注记 1.1.1 如果 $\mathscr{U}$ 是一个超滤子, $\{x_n\}$ 是某个度量空间中的集合, 且 $\lim\limits_{\mathscr{U}} x_n = x_0$ 存在, 则存在子列 x_{n_k} 在度量意义下收敛于 x_0.

注记 1.1.2 如果 $\mathscr{U}$ 是自然数集的一个超滤子, $\{x_n\}$ 是一个有界数列, 则 $\lim\limits_{\mathscr{U}} x_n$ 存在, 且有

$$\underline{\lim} x_n \leqslant \lim\limits_{\mathscr{U}} x_n \leqslant \overline{\lim} x_n.$$

定理 1.1.5 设 X 是拓扑线性空间, $\{x_i\}_{i \in I}$ 和 $\{y_i\}_{i \in I}$ 是 X 的两个子集, $\mathscr{U}$ 是 I 上一个非平凡的超滤子, 且 $\lim\limits_{\mathscr{U}} x_i, \lim\limits_{\mathscr{U}} y_i$ 存在, 则 $\lim\limits_{\mathscr{U}} (x_i + y_i)$ 存在, 且对任意的实数 α 有

$$\lim\limits_{\mathscr{U}} (x_i + y_i) = \lim\limits_{\mathscr{U}} x_i + \lim\limits_{\mathscr{U}} y_i; \quad \lim\limits_{\mathscr{U}} (\alpha x_i) = \alpha \lim\limits_{\mathscr{U}} x_i.$$

证明 只证第一个式子. 设 $\lim\limits_{\mathscr{U}} x_i = a, \lim\limits_{\mathscr{U}} y_i = b$, 对 $a + b$ 的任一邻域 V, 存在 a 的邻域 V_1, b 的邻域 V_2 使得 $V_1 + V_2 \subseteq V$, 而 $\{i : x_i \in V_1\} \in \mathscr{U}$; $\{i : y_i \in V_2\} \in \mathscr{U}$, 故它们的交集也在 $\mathscr{U}$ 中, 显然该交集是 $\{i : x_i + y_i \in V\}$ 的子集, 从而 $\{i : x_i + y_i \in V\} \in \mathscr{U}$.

设 X 是一个 Banach 空间, $\mathscr{U}$ 是指标集 I 上的非平凡超滤子, 记

$$l_\infty(X) = \{(x_i)_{i \in I} : \|(x_i)\| = \sup_{i \in I} \|x_i\| < \infty\},$$

$$N_{\mathscr{U}} = \{(x_i)_{i \in I} \in l_\infty(X) : \lim\limits_{\mathscr{U}} \|x_i\| = 0\}.$$

则 $N_{\mathscr{U}}$ 是 $l_\infty(X)$ 的一个闭线性子空间.

定义 1.1.7 商空间 $l_\infty(X)/N_{\mathscr{U}}(X)$ 称为 Banach 空间 X 关于某指标集 I 上的非平凡超滤子 $\mathscr{U}$ 的超幂. 记为 $(X)_{\mathscr{U}}$, 其元素记为 $[x_i]_{\mathscr{U}}$, 其中 (x_i) 是该等价类中的一个代表元. 可证如下等式:

$$\|[x_i]_{\mathscr{U}}\| = \inf_{(y_i) \in [x_i]_{\mathscr{U}}} \|(y_i)\| = \lim\limits_{\mathscr{U}} \|x_i\|.$$

事实上, 对任意 $(y_i) \in [x_i]_{\mathscr{U}}$, 有 $\lim\limits_{\mathscr{U}} \|x_i\| = \lim\limits_{\mathscr{U}} \|y_i\|$, 而 $\lim\limits_{\mathscr{U}} \|y_i\| \leqslant \|(y_i)\|$, 于是 $\lim\limits_{\mathscr{U}} \|x_i\| \leqslant \inf\limits_{(y_i) \in [x_i]_{\mathscr{U}}} \|(y_i)\|$.

反之, 令 $\lim\limits_{\mathscr{U}} \|x_i\| = a$, 对任意正数 ε, 有 $\{i : \|x_i\| < a + \varepsilon\} \in \mathscr{U}$. 当 $i \in \{i : \|x_i\| < a + \varepsilon\}$ 时令 $z_i = x_i$, 否则令 $z_i = 0$, 那么对 $0 < \delta < a + \varepsilon$, 就有

$$\{i : \|z_i - x_i\| < \delta\} \supseteq \{i : \|x_i\| < a + \varepsilon\},$$

故 $\lim\limits_{\mathscr{U}}\|x_i - z_i\| = 0$, 从而 $\inf\limits_{(y_i)\in[x_i]_{\mathscr{U}}}\|(y_i)\| \leqslant \|(z_i)\| \leqslant a + \varepsilon$. 再由 ε 的任意性, 可知结论成立.

注记 1.1.3 映射 $J : X \to (X)_{\mathscr{U}} : x \mapsto [x_i]_{\mathscr{U}}$, 其中 $x_i = x, i = 1, 2, \cdots$, 是一个等距嵌入, 故常常把 X 看成 $(X)_{\mathscr{U}}$ 的一个子空间.

定义 1.1.8 称 Banach 空间 Y 在 X 中有限可表示, 如果对任意的 $\varepsilon > 0$ 和 Y 中任意有限维子空间 Y_1, 存在从 Y_1 到 X 的某个子空间 X_1 上的同构 T 使得任意的 $x \in Y_1$ 有 $(1+\varepsilon)^{-1}\|x\| \leqslant \|Tx\| \leqslant (1+\varepsilon)\|x\|$.

定理 1.1.6 Banach 空间 X 的超幂 $(X)_{\mathscr{U}}$ 在 X 中有限可表示.

证明 对任意正数 ε 及 $(X)_{\mathscr{U}}$ 的任一有限维子空间 M, 令 $x^{(1)}, x^{(2)}, \cdots, x^{(n)}$ 是 M 的单位基, 可取它们的代表元分别为 $(x_i^{(1)}), (x_i^{(2)}), \cdots, (x_i^{(n)})$, 且使对一切 i, k 有 $\|x_i^{(k)}\| \leqslant 2$. 令 $M_i = \mathrm{span}\{x_i^{(k)}\}_{k=1}^n$, 并定义线性映射 $T_i : M \to M_i$ 使得 $x^{(k)} \mapsto x_i^{(k)}$, 则 $\|T_i\| \leqslant 2K$, 其中 $K = \max\left\{\sum\limits_{k=1}^n |\lambda_k| : \left\|\sum\limits_{k=1}^n \lambda_k x^{(k)}\right\| = 1\right\}$ (易证 K 是有限正数). 现对 $x = \sum\limits_{k=1}^n \lambda_k x^{(k)} \in M$, 有

$$\|x\| = \left\|\sum_{k=1}^n \lambda_k x^{(k)}\right\| = \lim_{\mathscr{U}} \left\|\sum_{k=1}^n \lambda_k x_i^{(k)}\right\| = \lim_{\mathscr{U}} \|T_i x\|.$$

故当 $x \neq 0$ 时, $I_x = \left\{i \in I : \left|\|T_i x\| - \|x\|\right| < \dfrac{\varepsilon}{2}\|x\|\right\} \in \mathscr{U}$, 现令 $\delta = \dfrac{\varepsilon}{2(2K+1)}$, 及 $y^{(1)}, \cdots, y^{(m)}$ 是 M 单位球面上的有限 δ-网, 令 $I_0 = \bigcap\limits_1^m I_{y^{(k)}}$, 则 $I_0 \neq \varnothing$. 现取 $i \in I_0$, 对 M 单位球面上任一点 x 有

$$\left|\|T_i x\| - \|x\|\right| \leqslant \min_k\left\{\|T_i(x - y^{(k)})\| + \|x - y^{(k)}\| + \left|\|T_i(y^{(k)})\| - \|y^{(k)}\|\right|\right\}$$

$$\leqslant (2K+1)\delta + \frac{\varepsilon}{2} = \varepsilon.$$

故令 $N = M_i, T = T_i$, 就有 T 是 M 到 N 的 ε 等距.

定理 1.1.7 设 Y 是可分 Banach 空间, 且它在 X 中有限可表示, 对每个可数不完备的超滤子 $\mathscr{U}$, 则存在 Y 到 X 的超幂 $(X)_{\mathscr{U}}$ 中的等距嵌入.

证明 设 $\mathscr{U}$ 是 I 上可数不完备的超滤子, 由定理 1.1.2 知, 存在可数链 $I_1 \supseteq I_2 \supseteq \cdots \supseteq I_n \in \mathscr{U}$, 使得 $\bigcap\limits_1^\infty I_n = \varnothing$. 另一方面, 由 Y 是可分 Banach 空间, 存在线性无关序列 $\{x_n\}_{n=1}^\infty$, 使得 $Y = \overline{\mathrm{span}}\{x_n\}_1^\infty$. 由于 Y 在 X 中有限可表示, 故对每个

自然数 N, 存在一个从 X_N 到 X 的某个子空间上的 $\dfrac{1}{N}$-等距

$$T_N : X_N \equiv [x_i]_1^N \to X.$$

下面定义一个映射 $J : Y \to (X)_{\mathscr{U}}$, 使得 $J(x_m) = \left[(x_m)_i \right]_{\mathscr{U}}$. 其中: 如果 $i \in I \backslash I_m$, 则令 $(x_m)_i = 0$; 如果 $i \in I_m$, 则令 $(x_m)_i = T_n(x_m)$, 这里 n 是满足 $n \geqslant m$ 并使得 $i \in I_n \backslash I_{n+1}$ 成立的唯一自然数. 因为 $\bigcap_1^\infty I_n = \varnothing$, 上述 $(x_m)_i$ 有定义, 为说明 J 是一个等距, 只要对形如 $x = \sum\limits_{k=1}^K \lambda_k x_{m_k}$ 的点有

$$\|Jx\| = \lim_{\mathscr{U}} \left\| \sum_{k=1}^K \lambda_k (x_{m_k})_i \right\| = \|x\|.$$

事实上, 对任意正数 ε, 取 $N > \max\left\{ \dfrac{1}{\varepsilon}, \max_k m_k \right\}$, 则有 $x \in X_N$, 且对 $i \in I_N \in \mathscr{U}$, 则对某 $n \geqslant N$, 使得 $I \in I_n \backslash I_{n+1}$,

$$\left| \left\| \sum_{k=1}^K \lambda_k (x_{m_k})_i \right\| - \|x\| \right| = \left| \left\| \sum_{k=1}^K \lambda_k T_n x_{m_k} \right\| - \|x\| \right|$$
$$= \left| \|T_n x\| - \|x\| \right|$$
$$\leqslant \varepsilon \|x\|.$$

注记 1.1.4　容易证明, Hilbert 空间的超幂也是 Hilbert 空间.

定义 1.1.9　设 $\mathscr{P}$ 是定义在 Banach 空间 X 上的一个性质, 如果每个在 X 中有限可表示的空间也具有性质 $\mathscr{P}$, 则称 X 具有超性质 $\mathscr{P}$.

由上面定理 1.1.6 和定理 1.1.7 可知: 如果 $\mathscr{P}$ 是定义在 Banach 空间 X 上的由可分性质决定的且被子空间继承的性质, 则 X 有超性质 $\mathscr{P}$ 当且仅当 X 的每个超幂有性质 $\mathscr{P}$.

定义 1.1.10([13])　设 X 是 Banach 空间, $\forall \varepsilon > 0$. 定义 X 的凸性模和光滑模分别定义为

$$\delta_X(\varepsilon) = \inf\left\{ 1 - \frac{\|x+y\|}{2} : x, y \in B(X), \|x - y\| \geqslant \varepsilon \right\};$$

$$\rho_X(\varepsilon) = \sup\left\{ \frac{\|x+y\| + \|x-y\| - 2}{2} : \|x\| = 1, \|y\| = \varepsilon \right\},$$

其中 $B(X)$ 表示 X 的闭单位球.

定义 X 的一致凸性征为

$$\varepsilon_0(X) = \sup\{\varepsilon : \delta_X(\varepsilon) = 0\}.$$

定理 1.1.8([49])   设 X 是 Banach 空间, 则

(i) $\delta_X(\varepsilon)$ 是 $[0,2]$ 上的增函数 (一般不凸), 且 $\dfrac{\delta_X(\varepsilon)}{\varepsilon}$ 是 $(0,2]$ 上的增函数;

(ii) $\rho_X(\tau)$ 是递增的凸函数, 且 $\dfrac{\rho_X(\tau)}{\tau}$ 是 $(0,\infty)$ 上的增函数;

(iii) $\delta(2^-) = \lim\limits_{\varepsilon \to 2^-} \delta(\varepsilon) = 1 - \dfrac{\varepsilon_0(X)}{2}$, 且对一切 $\varepsilon \in [\varepsilon_0(X), 2]$ 有 $\delta(2(1-\delta(\varepsilon))) = 1 - \dfrac{\varepsilon}{2}$;

(iv) $\delta_X(\varepsilon)$ 是 $[0,2)$ 上的连续函数, 且在 $[\varepsilon_0, 2]$ 上严格递增.

证明   (i) 由定义可知 $\delta_X(\varepsilon)$ 是 $[0,2]$ 上的增函数, 现设

$$0 < \eta < \varepsilon < 2, \quad \|x\| = \|y\| = 1, \quad \|x - y\| = \varepsilon,$$

令

$$x\prime = x + \left(1 - \frac{\eta}{\varepsilon}\right)\left(\frac{x+y}{\|x+y\|} - x\right), \quad y\prime = y + \left(1 - \frac{\eta}{\varepsilon}\right)\left(\frac{x+y}{\|x+y\|} - y\right).$$

则 $\|x\prime\| \leqslant 1, \|y\prime\| \leqslant 1, \|x\prime - y\prime\| = \eta$, 且有

$$\frac{1 - \dfrac{1}{2}\|x\prime + y\prime\|}{\eta} = \frac{1 - \dfrac{1}{2}\|x + y\|}{\varepsilon},$$

对 x, y 所在的范围内取下确界得 $\dfrac{\delta_X(\eta)}{\eta} \leqslant \dfrac{\delta_X(\varepsilon)}{\varepsilon}$.

(ii) 容易看出 $\rho_X(\tau)$ 是凸函数, 且由 $\rho_X(0) = 0$ 可知它是增函数. 现设 $0 < \tau < \eta$, 记 $\tau = t\eta$, 则由 $\rho_X(\tau)$ 是凸函数, 可知

$$\frac{\rho_X(\tau)}{\tau} = \frac{\rho_X(t\eta + (1-t)0)}{t\eta} \leqslant \frac{t\rho_X(\eta)}{t\eta} = \frac{\rho_X(\eta)}{\eta}.$$

(iii) 令 $\varepsilon \in [\varepsilon_0(X), 2)$, 并取 $\eta \in (0, 1 - \delta(\varepsilon))$, 存在闭单位球中两点 x, y 使得 $\|x - y\| = \varepsilon$, 且

$$\left\|\frac{x+y}{2}\right\| \geqslant 1 - \delta(\varepsilon) - \eta.$$

故

$$\frac{\varepsilon}{2} \leqslant 1 - \delta(\|x + y\|) \leqslant 1 - \delta(2(1 - \delta(\varepsilon) - \eta)),$$

由 η 的任意性, 可知

$$\frac{\varepsilon}{2} \leqslant 1 - \delta(2(1 - \delta(\varepsilon))). \tag{1.1.1}$$

令 $\varepsilon \to 2^-$ 得, $\delta(2(1 - \delta(2^-))) = 0$, 于是 $\varepsilon_0(X) \geqslant 2(1 - \delta(2^-))$, 即有 $\delta(2^-) \geqslant 1 - \dfrac{\varepsilon_0(X)}{2}$.

另一方面, 在 (1.1.1) 中令 $\varepsilon \to \varepsilon_0(X)^+$, 可得 $\delta(2^-) \leqslant 1 - \dfrac{\varepsilon_0(X)}{2}$. 于是 (iii) 中第一个等式成立. 最后, 如果令 $t = 2(1 - \delta(\varepsilon))$, 则 (1.1.1) 就可产生如下结果:

$$1 - \delta(\varepsilon) \geqslant 1 - \delta(2(1 - \delta(t))) \geqslant \frac{t}{2} = 1 - \delta(\varepsilon),$$

由于 t 可在 $[\varepsilon_0(X), 2]$ 中任意取值, 故 (iii) 中第二个等式成立.

(iv) 先假设 X 是二维 Banach 空间, 它的单位球是 R^2 的有界闭凸子集, 且关于原点对称. 令 u, v 是两个线性无关的单位向量, 定义

$$\delta_{u,v}(\varepsilon) = \inf\left\{ 1 - \left\| \frac{\|x + y\|}{2} \right\| : \|x\| \leqslant 1, \|y\| \leqslant 1, \|x - y\| \geqslant \varepsilon, x - y = \lambda u, x + y = \mu v \right\}.$$

则易见 $\delta_{u,v}$ 是凸函数, 且有

$$\delta_X(\varepsilon) = \inf\{\delta_{u,v}(\varepsilon) : \|u\| = \|v\| = 1, u \neq \pm v\}.$$

现设 $\varepsilon_1 < \varepsilon_2 < a < 2$, 则由 $\delta_{u,v}$ 是凸函数得

$$\frac{\delta_{u,v}(\varepsilon_2) - \delta_{u,v}(\varepsilon_1)}{\varepsilon_2 - \varepsilon_1} \leqslant \frac{\delta_{u,v}(2) - \delta_{u,v}(a)}{2 - a} \leqslant \frac{1}{2 - a}.$$

根据对一般的 Banach 空间 X 由

$$\delta_X(\varepsilon) = \inf \delta_E(\varepsilon),$$

其中下确界取遍 X 的一切二维子空间 E, 则可得

$$\delta_X(\varepsilon_2) - \delta_X(\varepsilon_1) \leqslant \frac{\varepsilon_2 - \varepsilon_1}{2 - a},$$

从而 $\delta_X(\varepsilon)$ 在 $[0, 2)$ 上连续, 而它在 $[\varepsilon_0, 2]$ 严格递增性也由它是非减的凸函数族 $\{\delta_{u,v}\}$ 的下确界获得.

定义 1.1.11 (a) 设 X 是 Banach 空间, 如果对任意的 $x, y \in X$, 及 $\forall \varepsilon > 0$ 有 $\delta > 0$ 使得 $\|x - y\| \geqslant \varepsilon$ 蕴含 $\left\| \dfrac{x + y}{2} \right\| < 1 - \delta$. 或等价地 $\forall \varepsilon > 0$ 有 $\delta_X(\varepsilon) > 0$, 则称

X 是一致凸空间;

(b) 如果 $\varepsilon_0(X) < 2$, 则称 X 是一致非方空间;

(c) 如果 $\lim\limits_{\varepsilon \to 0} \dfrac{\rho_X(\varepsilon)}{\varepsilon} = 0$, 则称 X 是一致光滑空间.

定理 1.1.9 设 X 是 Banach 空间, 则 X 是一致非方空间的充要条件是存在 $\varepsilon \in (0, 2)$ 使得 $\delta_X(\varepsilon) > 0$, 或者存在 $\delta \in (0, 1)$ 使得对任意 $x, y \in S(X)$, $\min\{\|x + y\|, \|x - y\|\} \leqslant 2(1 - \delta)$. 其中 $S(X)$ 表示 X 的单位球面.

证明 设存在 $\delta \in (0, 1)$ 使得对任意 $x, y \in S(X)$ 有 $\min\{\|x + y\|, \|x - y\|\} \leqslant 2(1 - \delta)$, 于是当 $x, y \in S(X)$ 且 $\|x - y\| > 2(1 - \delta)$ 时, 必有 $1 - \dfrac{\|x + y\|}{2} \geqslant \delta$, 即 $\delta_X(2(1 - \delta)) \geqslant \delta$, 从而存在 $\varepsilon \in (0, 2)$ 使得 $\delta_X(\varepsilon) > 0$.

反之, 如果存在 $\varepsilon_0 \in (0, 2)$ 使得 $\delta_X(\varepsilon_0) > 0$, 可取 $\eta_0 \in (0, 1)$ 使得 $\delta_X(\varepsilon_0) > \eta_0 > 0$. 当 $\delta \in \left(0, 1 - \dfrac{\varepsilon_0}{2}\right)$ 时, 有 $2(1 - \delta) \in (\varepsilon_0, 2)$, 从而 $\delta_X(2(1 - \delta)) \geqslant \delta_X(\varepsilon_0) > \eta_0 > 0$. 即对单位球面上任意两点 x, y, 只要 $\|x - y\| \geqslant 2 - 2\delta$, 应有 $1 - \dfrac{\|x + y\|}{2} \geqslant \eta_0$, 现取 $\lambda = \min\{\delta, \eta_0\}$, 对任意 $x, y \in S(X)$ 就有 $\min\{\|x + y\|, \|x - y\|\} \leqslant 2(1 - \lambda)$.

最后由 δ_X 的递增性, 易见存在 $\varepsilon \in (0, 2)$ 使得 $\delta_X(\varepsilon) > 0$ 等价于 $\varepsilon_0(X) < 2$.

定理 1.1.10 设 X 是 Banach 空间, $(X)_{\mathscr{U}}$ 是它的超幂, 则对任意的正数 ε, 有 $\delta_X(\varepsilon) = \delta_{(X)_{\mathscr{U}}}(\varepsilon)$.

证明 因为 X 可看成 $(X)_{\mathscr{U}}$ 的子空间, 故 $\delta_X(\varepsilon) \geqslant \delta_{(X)_{\mathscr{U}}}(\varepsilon)$.

另一方面, $\forall \varepsilon > 0, \sigma > 0$, 可取 $(x_i)_{\mathscr{U}}, (y_i)_{\mathscr{U}} \in S((X)_{\mathscr{U}})$ 使得

$$\|(x_i)_{\mathscr{U}} - (y_i)_{\mathscr{U}}\| \geqslant \varepsilon; \quad 1 - \frac{\|(x_i)_{\mathscr{U}} + (y_i)_{\mathscr{U}}\|}{2} < \delta_{(X)_{\mathscr{U}}}(\varepsilon) + \eta.$$

对任意 $0 < \varepsilon_1 < \varepsilon$, 易见 $J_1 = \{i \in I : \|x_i\|, \|y_i\| < 1 + \sigma\}$, $J_2 = \{i \in I : \|x_i - y_i\| \geqslant \varepsilon_1\}$, $J_3 = \left\{i \in I : 1 - \dfrac{\|x_i + y_i\|}{2} < \delta_{(X)_{\mathscr{U}}}(\varepsilon) + \eta\right\}$ 都在 $\mathscr{U}$ 中, 取它们交集中一个 i, 就有 $\|x_i - y_i\| \geqslant \varepsilon_1$, 且 $1 - \dfrac{\|x_i + y_i\|}{2} < \delta_{(X)_{\mathscr{U}}}(\varepsilon) + \eta$. 故 $\delta_X\left(\dfrac{\varepsilon_1}{1 + \sigma}\right) \leqslant \dfrac{\sigma}{1 + \sigma} + \dfrac{\delta_{(X)_{\mathscr{U}}}(\varepsilon) + \eta}{1 + \sigma}$, 由 σ, η 的任意性知 $\delta_X(\varepsilon_1) \leqslant \delta_{(X)_{\mathscr{U}}}(\varepsilon)$, 再令 $\varepsilon_1 \to \varepsilon$, 得 $\delta_X(\varepsilon) \leqslant \delta_{(X)_{\mathscr{U}}}(\varepsilon)$.

设 X, Y 是两个 Banach 空间, $\mathscr{U}$ 是指标集上的非平凡可数不完备超滤子, $(X)_{\mathscr{U}}, (Y)_{\mathscr{U}}$ 是超幂空间, D 是 X 的子集, 定义

$$[D]_{\mathscr{U}} = \{\tilde{x} : \exists (d_i) \in \tilde{x}, \forall i, d_i \in D\}.$$

如果 $T_i : D \to Y(i \in I)$ 是一簇映射, 当它满足一定的条件时, 可以定义新的映射: $[(T_i)]_{\mathcal{U}} : [D]_{\mathcal{U}} \to (Y)_{\mathcal{U}}$ 使得

$$[(T_i)]_{\mathcal{U}}([(d_i)]_{\mathcal{U}}) = [(T_i(d_i))]_{\mathcal{U}}.$$

定理 1.1.11   在上述记号下, 有

(i) 如果 D 是凸集, 则 $[D]_{\mathcal{U}}$ 也是凸集;

(ii) 如果 D 是闭集, 则 $[D]_{\mathcal{U}}$ 也是闭集;

(iii) 如果 D 是有界集, 则 $[D]_{\mathcal{U}}$ 也是有界集;

(iv) 如果 T_i 是一簇利普希茨映射, 且利普希茨常数 $\{\lambda_i\}$ 一致有界, 则 $[(T_i)]_{\mathcal{U}}$ 是利普希茨映射, 且利普希茨常数等于 $\lim_{\mathcal{U}} \lambda_i$;

(v) 如果 T_i 是一簇一致有界的线性算子, 则 $[(T_i)]_{\mathcal{U}}$ 是有界的线性算子, 且 $\|[(T_i)]_{\mathcal{U}}\| = \lim_{\mathcal{U}} \|T_i\|$.

证明   只证 (ii), 且不妨设 $I = \mathcal{N}$(正整数集). 因 $\mathcal{U}$ 是可数不完备的, 故有单调下降列: $\mathcal{N} = A_0 \supseteq A_1 \supseteq \cdots \supseteq A_n \cdots$, 使得每个 $A_n \in \mathcal{U}$, 且它们的交集为空集. 现设 $[t_i^1]_{\mathcal{U}}, [t_i^2]_{\mathcal{U}}, \cdots$ 是 $[D]_{\mathcal{U}}$ 中收敛于某 $[x_i]_{\mathcal{U}} \in (X)_{\mathcal{U}}$ 的点列, 其中 $t_i^j \in D$, 必要时可考虑子列, 不妨设

$$\|[t_i^m]_{\mathcal{U}} - [x_i]_{\mathcal{U}}\| = \lim_{\mathcal{U}} \|t_i^m - x_i\| < \frac{1}{m}.$$

对每个 $m \in \mathcal{N}$, 令

$$B_m = \left\{ i \in \mathcal{N} : \|t_i^m - x_i\| < \frac{2}{m} \right\} \bigcap A_m \in \mathcal{U}$$

且 $B_0 = \mathcal{N}, t_i^0 = 0$, 则有

$$\mathcal{N} = B_0 \supseteq B_1 \supseteq B_1 \bigcap B_2 \cdots \supseteq (B_1 \bigcap B_2 \bigcap \cdots \bigcap B_m) \supseteq \cdots, \quad \bigcap_0^\infty B_m = \varnothing.$$

从而对每个 $i \in \mathcal{N}$, 存在唯一的 m 使得 $i \in B_m \backslash B_{m+1}$, 现就定义 $y_i = t_i^m$, 则 $y_i \in D$.

现对任意的 $m \in \mathcal{N}$, 及每个 $i \in B_m$, 存在唯一的 $p \geqslant m$ 使得 $i \in B_p \backslash B_{p+1}$, 故

$$\|y_i - x_i\| = \|t_i^p - x_i\| < \frac{2}{p} \leqslant \frac{2}{m},$$

从而

$$\left\{ i \in \mathcal{N} : \|y_i - x_i\| < \frac{2}{m} \right\} \supseteq B_m \in \mathcal{U}.$$

于是 $\lim_{\mathcal{U}} \|x_i - y_i\| = 0$, 即 $[x_i]_{\mathcal{U}} \in [D]_{\mathcal{U}}$.

1.2 Clarkson 不等式和 Hanner 不等式

Clarkson 不等式和 Hanner 不等式在 Banach 空间几何理论起着十分重要的作用. Clarkson 不等式的证明可见 [13, 14], 作者利用该不等式证明了 L_p 空间当 $1 < p < \infty$ 时, 不仅是一致凸的而且是一致光滑的. Hanner 不等式见 [33], 利用该不等式可求出 L_p 空间凸性模的精确值.

下面给出这两个不等式的证明. 该方法是 Ball 等在 [4] 给出的.

令 $\phi(r) =: [0, \infty) \to [0, \infty)$ 是按照下面定义的函数

$$\phi(r) = (1+r)^{p-1} + |1-r|^{p-1}\text{sign}(1-r).$$

引理 1.2.1([4])   设 $\phi(r)$ 如上所述, 则

(1) 如果 $1 \leqslant p \leqslant 2$, 则对一切 $x, y \in \mathbb{R}$,

$$|x+y|^p + |x-y|^p = \sup\{\phi(r)|x|^p + \phi(1/r)|y|^p : 0 < r < \infty\}.$$

(2) 如果 $2 \leqslant p < \infty$, 则对一切 $x, y \in \mathbb{R}$,

$$|x+y|^p + |x-y|^p = \inf\{\phi(r)|x|^p + \phi(1/r)|y|^p : 0 < r < \infty\}.$$

证明   只证 $1 \leqslant p \leqslant 2$ 时的情形, 当 $p \geqslant 2$ 时类似可证. 显然, 可设 $0 < y \leqslant 1 = x$. 当 $r = y$ 时, 易得

$$\phi(r) + \phi(1/r)y^p = (1+y)^p + (1-y)^p.$$

要证对一切 r 有 $(1+y)^p + (1-y)^p \geqslant \phi(r) + \phi(1/r)y^p$, 只需说明函数 $\phi(r) + \phi(1/r)y^p$ 在 $r = y$ 时达到最大值. 利用当 $r \neq 1$ 时有 $\phi'(r) = (p-1)(1+r)^{p-2} - (p-1)|1-r|^{p-2}$, 可知

$$\frac{d}{dr}(\phi(r) + \phi(1/r)y^p) = \phi'(r) - \frac{1}{r^2}\phi'(1/r)y^p$$
$$= (p-1)(1 - (y/r)^p)\left((1+r)^{p-2} - |1-r|^{p-2}\right).$$

注意到 $p-2 \leqslant 0, 1+r \geqslant |1-r|$, 故最后一项是非正的. 因此, 导数当 $0 < r < y$ 时是非负的, 当 $y < r \neq 1$ 时是非正的.

定理 1.2.1(Clarkson 不等式)([14])   设 X 是 $L_p(l_p)$ 空间且 $1/p + 1/q = 1$, 则对任意 $x, y \in X$, 下列不等式成立:

(1) 如果 $1 \leqslant p \leqslant 2$, 则

$$(\|x+y\|^q + \|x-y\|^q)^{1/q} \leqslant 2^{1/q}(\|x\|^p + \|y\|^p)^{1/p}. \tag{1.2.1}$$

$$(\|x+y\|^p + \|x-y\|^p)^{1/p} \geqslant 2^{1/p}(\|x\|^q + \|y\|^q)^{1/q}. \tag{1.2.2}$$

特别地, 有

$$\|x+y\|^p + \|x-y\|^p \leqslant 2(\|x\|^p + \|y\|^p).$$

(2) 如果 $2 \leqslant p < \infty$, 则

$$(\|x+y\|^p + \|x-y\|^p)^{1/p} \leqslant 2^{1/p}(\|x\|^q + \|y\|^q)^{1/q}. \tag{1.2.3}$$

$$(\|x+y\|^q + \|x-y\|^q)^{1/q} \geqslant 2^{1/q}(\|x\|^p + \|y\|^p)^{1/p}. \tag{1.2.4}$$

$$(\|x+y\|^p + \|x-y\|^p)^{1/p} \leqslant 2^{1/q}(\|x\|^p + \|y\|^p)^{1/p}. \tag{1.2.5}$$

即

$$\|x+y\|^p + \|x-y\|^p \leqslant 2^{p-1}(\|x\|^p + \|y\|^p).$$

(1) Clarkson 不等式 (1.2.1) 的证明　设 $1 \leqslant p \leqslant 2, x, y \in L_p$ 且 $\|x\| \geqslant \|y\|$, 且 $\|x\| > 0$. 令 $u = \|x\|^q, v = \|y\|^q, r = v/u$, 则由引理 1.2.1 得

$$\begin{aligned}
\|x+y\|^p + \|x-y\|^p &= \int (|x+y|^p + |x-y|^p) \\
&\geqslant \int (\phi(r)|x|^p + \phi(1/r)|y|^p) \\
&= \phi(r)\|x\|^p + \phi(1/r)\|y\|^p \\
&= \phi(v/u)u^{p-1} + \phi(u/v)v^{p-1} \\
&= 2(u+v)^{p-1} \\
&= 2(\|x\|^q + \|y\|^q)^{p/q},
\end{aligned}$$

从而

$$(\|x+y\|^p + \|x-y\|^p)^{1/p} \geqslant 2^{1/p}(\|x\|^q + \|y\|^q)^{1/q}.$$

再用 $x+y, x-y$ 分别代替 x, y, 可知

$$(\|x+y\|^q + \|x-y\|^q)^{1/q} \leqslant 2^{1/q}(\|x\|^p + \|y\|^p)^{1/p}.$$

最后由 Hölder 不等式得

$$\|x+y\|^p + \|x-y\|^p \leqslant 2^{1-\frac{p}{q}}(\|x+y\|^q + \|x-y\|^q)^{\frac{p}{q}} \leqslant 2(\|x\|^p + \|y\|^p).$$

(2) Clarkson 不等式 (1.2.3) 的证明　下面, 将利用乘积空间 $l_p(X) = X \oplus_p X$ 的性质, 其范数定义为

$$\|(x,y)\| = (\|x\|^p + \|y\|^p)^{1/p}, \quad \forall (x,y) \in X \oplus_p X.$$

因为 $(l_p(X))^* = l_q(X^*)$. 令 $A : l_p(l_p) \to l_q(l_p)$ 是由如下定义的算子:

$$A(x,y) = (x,y)\begin{pmatrix} 1 & 1 \\ 1 & -1 \end{pmatrix}.$$

易见 $A^*(x_1^*, x_2^*) = (x_1^* + x_2^*, x_1^* - x_2^*)$, 且 $\|A\| = \|A^*\|$. 而不等式 (1.2.1) 等价于

$$\|A : l_p(l_p) \to l_q(l_p)\| = 2^{1/q}.$$

由伴随算子的性质得

$$\|A^* : l_p(l_q) \to l_q(l_q)\| = \|A^* : (l_q(l_p))^* \to (l_p(l_p))^*\| = \|A : l_p(l_p) \to l_q(l_p)\| = 2^{1/q}.$$

从而 $\|A^* : l_p(l_q) \to l_q(l_q)\| = 2^{1/q}$, 等价于

$$(\|x+y\|_q^q + \|x-y\|_q^q)^{1/q} \leqslant 2^{1/q}(\|x\|_q^p + \|y\|_q^p)^{1/p}.$$

注意到 $1 \leqslant p \leqslant 2$, 则上述不等式就是 Clarkson 不等式 (1.2.3).

(3) Clarkson 不等式 (1.2.4), (1.2.5) 的证明　类似第 (1) 部分中的证明, 用 x, y 分别代替 $x+y, x-y$, 可得 (1.2.3) 的一个等价形式 (1.2.4). 再利用 Hölder 不等式得

$$\begin{aligned} (\|x+y\|^p + \|x-y\|^p)^{1/p} &\leqslant 2^{1/p}(\|x\|^q + \|y\|^q)^{1/q} \\ &\leqslant 2^{1/q}(\|x\|^p + \|y\|^p)^{1/p}. \end{aligned}$$

定理 1.2.2(Hanner 不等式)([33])　设 X 是 $L_p(l_p)$ 空间, 则对任意 $x, y \in X$, 下列不等式成立:

(1) 如果 $1 \leqslant p \leqslant 2$, 则

$$\|x+y\|^p + \|x-y\|^p \geqslant (\|x\| + \|y\|)^p + \big|\|x\| - \|y\|\big|^p. \tag{H1}$$

(2) 如果 $2 \leqslant p < \infty$, 则

$$\|x + y\|^p + \|x - y\|^p \leqslant (\|x\| + \|y\|)^p + \big| \|x\| - \|y\| \big|^p. \tag{H2}$$

证明　不妨设 $1 \leqslant p \leqslant 2$. $p \geqslant 2$ 时证明类似. 由引理 1.2.1, 对任意 $x, y \in L_p$, 有

$$
\begin{aligned}
\|x + y\|^p + \|x - y\|^p &= \int (|x + y|^p + |x - y|^p) \\
&= \int \sup_r (\phi(r)|x|^p + \phi(1/r)|y|^p) \\
&\geqslant \sup_r \int (\phi(r)|x|^p + \phi(1/r)|y|^p) \\
&= \sup_r (\phi(r)\|x\|^p + \phi(1/r)\|y\|^p) \\
&= (\|x\| + \|y\|)^p + \big| \|x\| - \|y\| \big|^p.
\end{aligned}
$$

因此结论成立.

注记 1.2.1　上述不等式的推广可参见 [63].

作为上述不等式的一个应用, 我们可给出 $l_p(L_p)$ 空间的凸性模和光滑模的精确值.

定理 1.2.3　设 X 是 $l_p(L_p)$ 空间, $2 \leqslant p < \infty$, 则

$$\delta_X(\varepsilon) = 1 - (1 - (\varepsilon/2)^p)^{1/p}.$$

证明　令 $x, y \in S_X$ 且 $\|x - y\| = \varepsilon$. 由 Hanner 不等式, 可得

$$\|x + y\|^p + \|x - y\|^p \leqslant (\|x\| + \|y\|)^p + \big| \|x\| - \|y\| \big|^p,$$

其等价于

(a1) $$\|x + y\| \leqslant (2^p - \varepsilon^p)^{1/p}.$$

由凸性模的定义得

$$\delta_X(\varepsilon) = \inf\{1 - \|x + y\|/2 : \|x - y\| = \varepsilon\} \geqslant 1 - (1 - (\varepsilon/2)^p)^{1/p}.$$

另一方面, 如果取 $x = (a, \varepsilon/2, 0, \cdots), y = (a, -\varepsilon/2, 0, \cdots)$, 其中 $a = (1 - (\varepsilon/2)^p)^{1/p}$, 则 $x, y \in S_X, \|x - y\| = \varepsilon$ 且

(a2) $$1 - \|x + y\|/2 = 1 - (1 - (\varepsilon/2)^p)^{1/p}.$$

从而由 (a1) 和 (a2), 得证.

定理 1.2.4　设 X 是 $l_p(L_p)$ 空间.

(1) 如果 $1 \leqslant p \leqslant 2$, 则

$$\rho_X(\varepsilon) = (1 + \varepsilon^p)^{1/p} - 1.$$

(2) 如果 $p > 2$, 对每个 $\varepsilon \geqslant 0$, 有

$$\rho_X(\varepsilon) = \left(\frac{(1+\varepsilon)^p + |1-\varepsilon|^p}{2} \right)^{1/p} - 1.$$

证明　(1) 不妨设 $1 < p \leqslant 2$. 对任意 $x \in S_X, y \in \varepsilon S_X$, 有

$$\|x + y\| + \|x - y\| \leqslant 2^{1-1/q}(\|x+y\|^q + \|x-y\|^q)^{1/q} \qquad \text{(Hölder 不等式)}$$
$$\leqslant 2(\|x\|^p + \|y\|^p)^{1/p} \qquad \text{(由 (1.2.1) 式)}$$
$$= 2(1 + \varepsilon^p)^{1/p},$$

这又蕴含

(a3)　　　　　　　　　　$\rho_X(\varepsilon) \leqslant (1 + \varepsilon^p)^{1/p} - 1.$

另一方面, 如果取 $x = (1, 0, 0, \cdots), y = (0, \varepsilon, 0, \cdots)$, 则 $x \in S_X, y \in \varepsilon S_X$ 且

(a4)　　　　　　　　$\|x + y\| + \|x - y\| = 2(1 + \varepsilon^p)^{1/p}.$

由 (a3) 和 (a4), 得证.

(2) 设 $p \geqslant 2$. 对任意 $x \in S_X, y \in \varepsilon S_X$, 有

$$\frac{\|x+y\| + \|x-y\|}{2} \leqslant \left(\frac{\|x+y\|^p + \|x-y\|^p}{2} \right)^{1/p} \qquad \text{(Hölder 不等式)}$$
$$\leqslant \left(\frac{(\|x\| + \|y\|)^p + |\|x\| - \|y\||^p}{2} \right)^{1/p} \qquad \text{(Hanner 不等式 H2)}$$
$$= \left(\frac{(1+\varepsilon)^p + |1-\varepsilon|^p}{2} \right)^{1/p},$$

这又蕴含

(a5)　　　　　　$\rho_X(\varepsilon) \leqslant \left(\frac{(1+\varepsilon)^p + |1-\varepsilon|^p}{2} \right)^{1/p} - 1.$

另一方面, 如果令 $x = (1/2^{1/p}, 1/2^{1/p}, 0, \cdots), y = (\varepsilon/2^{1/p}, -\varepsilon/2^{1/p}, 0, \cdots)$, 则 $x \in S_X, y \in \varepsilon S_X$ 且

(a6)
$$\frac{\|x + y\| + \|x - y\|}{2} = \left(\frac{(1 + \varepsilon)^p + |1 - \varepsilon|^p}{2} \right)^{1/p}.$$

由 (a5) 和 (a6), 得证.

1.3　几个具体空间的凸性模

下面考虑 $l_2 - l_1$ 空间的凸性模. $l_2 - l_1$ 空间 X 是 $\mathbb{R}^2$ 赋予范数:

$$\|x\| = \|(x_1, x_2)\| = \begin{cases} (|x_1|^2 + |x_2|^2)^{\frac{1}{2}}, & x_1 x_2 \geqslant 0; \\ |x_1| + |x_2|, & x_1 x_2 \leqslant 0. \end{cases}$$

定理 1.3.1([31])　设 X 是 $l_2 - l_1$ 空间, 则它的凸性模为

$$\delta_X(\varepsilon) = \begin{cases} 0, & 0 \leqslant \varepsilon \leqslant \sqrt{2}; \\ 1 - \sqrt{2 - \dfrac{\varepsilon^2}{2}}, & \sqrt{2} \leqslant \varepsilon \leqslant \sqrt{\dfrac{8}{3}}; \\ 1 - \sqrt{1 - \dfrac{\varepsilon^2}{8}}, & \sqrt{\dfrac{8}{3}} \leqslant \varepsilon \leqslant 2. \end{cases}$$

证明　显然有 $\|x\|_2 \leqslant \|x\| \leqslant \sqrt{2}\|x\|_2$. 并且当 $x = (1, 0), y = (0, -1)$ 时, 有 $\|x\| = \|y\| = 1, \|x - y\| = \sqrt{2}$, 而 $\|x + y\| = 2$, 故当 $0 \leqslant \varepsilon \leqslant \sqrt{2}$ 时有 $\delta_X(\varepsilon) = 0$. 下面取 $\varepsilon > \sqrt{2}$. 任取 $x, y \in S_X$, 且 $\|x - y\| \geqslant \varepsilon$.

(1) 如果 $y - x$ 的两个坐标同号, 则有 $\|x\|_2 \leqslant 1, \|y\|_2 \leqslant 1, \|x - y\|_2 \geqslant \varepsilon$, 这就蕴含 $\frac{1}{2}\|x + y\| \leqslant 2^{-\frac{1}{2}}\|x + y\|_2 \leqslant \sqrt{2 - \dfrac{\varepsilon^2}{2}}$, 故有 $1 - \frac{1}{2}\|x + y\| \geqslant 1 - \sqrt{2 - \dfrac{\varepsilon^2}{2}}$.

(2) 如果 $y - x$ 的两个坐标异号, 则根据 x, y 在单位球面上的位置, 可验证 $\frac{1}{2}(x + y)$ 的两个坐标同号, 由于 $\|x - y\| \geqslant \varepsilon$ 蕴含 $\|x - y\|_2 \geqslant \varepsilon/\sqrt{2}$, 故有

$$\frac{1}{2}\|x + y\| = \frac{1}{2}\|x + y\|_2 \leqslant \sqrt{1 - \dfrac{\varepsilon^2}{8}}.$$

故有

$$1 - \frac{1}{2}\|x + y\| \geqslant 1 - \sqrt{1 - \dfrac{\varepsilon^2}{8}}.$$

因此有

$$\delta_X(\varepsilon) \geqslant \min\left\{1 - \sqrt{2 - \frac{\varepsilon^2}{2}}, 1 - \sqrt{1 - \frac{\varepsilon^2}{8}}\right\}.$$

另一方面, 若令

$$x = \left(\frac{\sqrt{8 - \varepsilon^2} + \varepsilon}{4}, \frac{\sqrt{8 - \varepsilon^2} - \varepsilon}{4}\right), \quad y = \left(\frac{\sqrt{8 - \varepsilon^2} - \varepsilon}{4}, \frac{\sqrt{8 - \varepsilon^2} + \varepsilon}{4}\right).$$

则可计算 $\|x\| = \|y\| = 1$, $\|x - y\| = \varepsilon$, 且 $\|x + y\| = 2\sqrt{1 - \frac{\varepsilon^2}{8}}$, 故有

$$\delta_X(\varepsilon) \leqslant 1 - \sqrt{1 - \frac{\varepsilon^2}{8}}.$$

再取

$$x = \left(\frac{\varepsilon - \sqrt{4 - \varepsilon^2}}{2\sqrt{2}}, \frac{\varepsilon + \sqrt{4 - \varepsilon^2}}{2\sqrt{2}}\right), \quad y = \left(\frac{-\varepsilon - \sqrt{4 - \varepsilon^2}}{2\sqrt{2}}, \frac{-\varepsilon + \sqrt{4 - \varepsilon^2}}{2\sqrt{2}}\right).$$

则可计算 $\|x\| = \|y\| = 1$, $\|x - y\| = \varepsilon$, 且 $\|x + y\| = 2\sqrt{2 - \frac{\varepsilon^2}{2}}$, 故有

$$\delta_X(\varepsilon) \leqslant 1 - \sqrt{2 - \frac{\varepsilon^2}{2}}.$$

从而定理 1.3.1 得证. 下面考虑 J. Banaś-K. Frączek 空间 $\mathbb{R}^2$ 的凸性模.

定理 1.3.2([6]) 设 $\lambda > 1$, X 是 $\mathbb{R}^2$ 赋予范数:

$$\|(x_1, x_2)\| = \max\left\{\lambda|x_1|, \sqrt{x_1^2 + x_2^2}\right\}$$

后的空间, 则它的凸性模为

$$\delta_X(\varepsilon) = \begin{cases} 0, & 0 \leqslant \varepsilon \leqslant 2\sqrt{1 - \frac{1}{\lambda^2}}; \\ 1 - \lambda\sqrt{1 - \frac{\varepsilon^2}{4}}, & 2\sqrt{1 - \frac{1}{\lambda^2}} \leqslant \varepsilon \leqslant \frac{2\lambda}{\sqrt{1 + \lambda^2}}; \\ 1 - \sqrt{1 - \frac{\varepsilon^2}{4\lambda^2}}, & \frac{2\lambda}{\sqrt{1 + \lambda^2}} \leqslant \varepsilon \leqslant 2. \end{cases}$$

证明 (i) 当 $0 \leqslant \varepsilon \leqslant 2\sqrt{1 - \frac{1}{\lambda^2}}$ 时, 令

$$x = \left(\frac{1}{\lambda}, \sqrt{1 - \frac{1}{\lambda^2}}\right), \quad y = \left(\frac{1}{\lambda}, -\sqrt{1 - \frac{1}{\lambda^2}}\right),$$

则有 $\|x\| = \|y\| = 1, \|x - y\| \geq \varepsilon$, 并有 $\left\|\dfrac{x+y}{2}\right\| = 1$, 故有 $\delta_X(\varepsilon) = 0$.

(ii) 当 $2\sqrt{1 - \dfrac{1}{\lambda^2}} \leq \varepsilon \leq \dfrac{2\lambda}{\sqrt{1 + \lambda^2}}$ 时, 令

$$x = \left(\sqrt{1 - \frac{\varepsilon^2}{4}}, \frac{\varepsilon}{2} \right), \quad y = \left(\sqrt{1 - \frac{\varepsilon^2}{4}}, -\frac{\varepsilon}{2} \right),$$

则有 $\|x\| = \|y\| = 1, \|x - y\| = \varepsilon$, 并有 $\|\dfrac{x+y}{2}\| = \lambda\sqrt{1 - \dfrac{\varepsilon^2}{4}}$, 故有

$$\delta_X(\varepsilon) \leq 1 - \lambda\sqrt{1 - \frac{\varepsilon^2}{4}}.$$

另一方面, 对 S_X 上满足 $\|x - y\| = \varepsilon$, 任意两点 x, y,

(a) 如果 $\|x - y\|_2 = \varepsilon$, 则有

$$\left\|\frac{x+y}{2}\right\| \leq \lambda\left\|\frac{x+y}{2}\right\|_2 \leq \lambda\sqrt{1 - \frac{\varepsilon^2}{4}};$$

(b) 如果 $\lambda|x_1 - y_1| = \varepsilon$, 则

$$(x_1 + y_1)^2 + \varepsilon^2 = (x_1 + y_1)^2 + \lambda^2(x_1 - y_1)^2 \leq 2\lambda^2(x_1^2 + y_1^2) \leq 4,$$

和

$$\|x + y\|_2^2 + \lambda^2\varepsilon^2 \leq 4 - \|x - y\|_2^2 + \lambda^2\varepsilon^2 \leq 4 - \frac{\varepsilon^2}{\lambda^2} + \lambda^2\varepsilon^2 \leq 4\lambda^2.$$

可知

$$\left\|\frac{x+y}{2}\right\| = \max\left\{ \lambda\left|\frac{x_1 + y_1}{2}\right|, \left\|\frac{x+y}{2}\right\|_2 \right\} \leq \lambda\sqrt{1 - \frac{\varepsilon^2}{4}}.$$

故

$$\delta_X(\varepsilon) \geq 1 - \lambda\sqrt{1 - \frac{\varepsilon^2}{4}}.$$

(iii) 当 $\dfrac{2\lambda}{\sqrt{1 + \lambda^2}} \leq \varepsilon \leq 2$ 时, 对 S_X 上满足 $\|x - y\| = \varepsilon$, 任意两点 x, y, 有

$$\|x + y\|_2^2 + \frac{\varepsilon^2}{\lambda^2} \leq \|x + y\|_2^2 + \|x - y\|_2^2 \leq 4,$$

并且

(a) 当 $\|x - y\|_2 = \varepsilon$ 时,

$$\lambda^2|x_1 + y_1|^2 + \frac{\varepsilon^2}{\lambda^2} \leq \lambda^2(4 - \varepsilon^2) + \frac{\varepsilon^2}{\lambda^2} \leq 4;$$

(b) 当 $\lambda|x_1 - y_1| = \varepsilon$ 时,

$$\lambda^2|x_1 + y_1|^2 + \frac{\varepsilon^2}{\lambda^2} = \lambda^2|x_1 + y_1|^2 + (x_1 - y_1)^2 \leqslant (\lambda^2 - 1)\frac{4}{\lambda^2} + 2(x_1^2 + y_1^2) \leqslant 4.$$

故有

$$\delta_X(\varepsilon) \geqslant 1 - \sqrt{1 - \frac{\varepsilon^2}{4\lambda^2}}.$$

另一方面, 令

$$x = \left(\frac{\varepsilon}{2\lambda}, \sqrt{1 - \frac{\varepsilon^2}{4\lambda^2}}\right), \quad y = \left(-\frac{\varepsilon}{2\lambda}, \sqrt{1 - \frac{\varepsilon^2}{4\lambda^2}}\right),$$

则 $\|x\| = \|y\| = 1, \|x - y\| = \varepsilon$, 并有 $\left\|\dfrac{x+y}{2}\right\| = \sqrt{1 - \dfrac{\varepsilon^2}{4\lambda^2}}$, 故

$$\delta_X(\varepsilon) \leqslant 1 - \sqrt{1 - \frac{\varepsilon^2}{4\lambda^2}}.$$

注记 1.3.1 类似地可证该空间的 Day 光滑模为

$$\rho_X(\varepsilon) = \begin{cases} 1 - \sqrt{1 - \dfrac{\varepsilon^2}{4\lambda^2}}, & 0 \leqslant \varepsilon \leqslant \dfrac{2\lambda}{\sqrt{1+\lambda^2}}; \\[4mm] 1 - \lambda\sqrt{1 - \dfrac{\varepsilon^2}{4}}, & \dfrac{2\lambda}{\sqrt{1+\lambda^2}} \leqslant \varepsilon \leqslant 2. \end{cases}$$

其中空间 X 的 Day 光滑模定义为

$$\rho_X(\varepsilon) = \sup\left\{1 - \frac{\|x+y\|}{2} : x, y \in B(X), \|x - y\| \leqslant \varepsilon\right\}.$$

前面利用 Clarkson 不等式已经给出了当 $p \geqslant 2$ 时 l_p 的凸性模, 下面考虑 $1 < p < 2$ 时的情形.

定理 1.3.3 当 $1 < p < 2$ 时, l_p 的凸性模是下列方程的唯一解

$$\left(1 - \delta_{l_p}(\varepsilon) + \frac{\varepsilon}{2}\right)^p + \left|1 - \delta_{l_p}(\varepsilon) - \frac{\varepsilon}{2}\right|^p = 2.$$

证明 令 $f(a,b) = |a+b|^p + |a-b|^p$, 其中 $a, b \geqslant 0$. 则 $f(a,b)$ 关于 a, b 对称, 并且当固定其中一个, 对另一个变量是单调增函数. 设 $\varepsilon \in (0,2)$, 取 $x, y \in S_X$ 使得 $\|x - y\| = \varepsilon$. 令 $u = \dfrac{x+y}{2}, v = \dfrac{x-y}{2}$. 利用 Hanner 不等式有

$$(\|u\| + \|v\|)^p + \big|\|u\| - \|v\|\big|^p \leqslant \|u+v\|^p + \|u-v\|^p.$$

即 $f(\|u\|, \|v\|) \leqslant \|x\|^p + \|y\|^p = 2$. 又因 $f(1,0) = 2$, 故 $f\left(1, \dfrac{\varepsilon}{2}\right) > 2$; 而 $f\left(0, \dfrac{\varepsilon}{2}\right) = 2^{1-p}\varepsilon^p < 2$, 于是存在唯一的 $\rho_\varepsilon \in (0,1)$ 使得 $f\left(\rho_\varepsilon, \dfrac{\varepsilon}{2}\right) = 2$. 由此可知 $f(\|u\|, \|v\|) \leqslant 2 = f\left(\rho_\varepsilon, \dfrac{\varepsilon}{2}\right) = f(\rho_\varepsilon, \|v\|)$. 从而 $\|u\| \leqslant \rho_\varepsilon$. 即有 $\delta_{l_p}(\varepsilon) \geqslant 1 - \rho_\varepsilon$.

另一方面, 取

$$x = \left(\frac{\rho_\varepsilon + \dfrac{\varepsilon}{2}}{2^{\frac{1}{p}}}, \frac{\rho_\varepsilon - \dfrac{\varepsilon}{2}}{2^{\frac{1}{p}}}\right), \quad y = \left(\frac{\rho_\varepsilon - \dfrac{\varepsilon}{2}}{2^{\frac{1}{p}}}, \frac{\rho_\varepsilon + \dfrac{\varepsilon}{2}}{2^{\frac{1}{p}}}\right),$$

则有 $\|x\|_p = \|y\|_p = 1$, $\|x - y\| = \varepsilon$, 且 $\|x + y\|_p = 2\rho_\varepsilon$. 故有 $\delta_{l_p}(\varepsilon) \leqslant 1 - \rho_\varepsilon$. 于是结论成立.

1.4　一致凸与严格凸

定义 1.4.1　设 X 是 Banach 空间, 如果对任意的 $x, y \in X$, 只要 $\|x\| = \|y\| = \left\|\dfrac{x+y}{2}\right\|$, 就有 $x = y$, 则称 X 是严格凸空间. 显然, 一致凸空间必是严格凸空间.

注记 1.4.1　Banach 的有些性质在等价范数下不变, 如紧性、自反性、超自反性、RN 性、p-型、q-余型等; 有些性质在等价范数下可能会变, 如严格凸、一致凸、一致光滑等.

例 1.4.1　用 Z 表示无穷实序列构成的空间, 赋予以下范数所得的空间

$$\|x\| = (\|x\|_1^2 + \|x\|_2^2)^{\frac{1}{2}}.$$

则它是严格凸空间, 但非一致凸.

事实上, 若 $x = (x_1, x_2, \cdots), y = (y_1, y_2, \cdots)$ 使得 $\|x\| = \|y\| = \left\|\dfrac{x+y}{2}\right\| = 1$. 易见

$$4 + \sum_1^\infty (x_i - y_i)^2$$

$$= \left(\sum_1^\infty |x_i + y_i|\right)^2 + \sum_1^\infty (x_i + y_i)^2 + \sum_1^\infty (x_i - y_i)^2$$

$$\leqslant \left(\sum_1^\infty |x_i| + |y_i|\right)^2 + 2\sum_1^\infty x_i^2 + 2\sum_1^\infty y_i^2$$

$$\leqslant 2 \left[\left(\sum_1^\infty |x_i| \right)^2 + \left(\sum_1^\infty |y_i| \right)^2 \right] + 2 \sum_1^\infty x_i^2 + 2 \sum_1^\infty y_i^2$$
$$= 4.$$

故对一切 i 有 $x_i = y_i$, 即 $x = y$, 从而 Z 是严格凸的. 又因如果它一致凸, 必自反, 再由 Z 与 l_1 之间显然存在等价范数, 从而可得 l_1 自反, 故矛盾.

定理 1.4.1([49])   设 X 是 Banach 空间, X^* 是其共轭空间, 则对 $\tau > 0, 0 \leqslant \varepsilon \leqslant 2$ 有

(i) $\rho_{X^*}(\tau) + \delta_X(\varepsilon) \geqslant \dfrac{\varepsilon\tau}{2}$;

(ii) $\rho_{X^*}(\tau) = \sup\limits_{0\leqslant\varepsilon\leqslant 2} \left\{ \dfrac{\varepsilon\tau}{2} - \delta_X(\varepsilon) \right\}$;

(iii) $\rho_X(\tau) = \sup\limits_{0\leqslant\varepsilon\leqslant 2} \left\{ \dfrac{\varepsilon\tau}{2} - \delta_{X^*}(\varepsilon) \right\}$;

(iv) X 是一致凸空间当且仅当 X^* 是一致光滑的; X 一致光滑当且仅当 X^* 一致凸.

证明   (i) 任取 $x, y \in S_X$, 且使得 $\|x - y\| = \varepsilon$, 由 Hahn-Banach 定理知, 存在 $x^*, y^* \in S_{X^*}$ 使得

$$x^*(x + y) = \|x + y\|, y^*(x - y) = \|x - y\|.$$

于是

$$\begin{aligned}
2\rho_{X^*}(\tau) &\geqslant \|x^* + \tau y^*\| + \|x^* - \tau y^*\| - 2 \\
&\geqslant x^*(x) + \tau y^*(x) + x^*(y) - \tau y^*(y) - 2 \\
&= x^*(x + y) + \tau y^*(x - y) - 2 \\
&= \|x + y\| + \tau\varepsilon - 2,
\end{aligned}$$

故 $2\rho_{X^*}(\tau) + 2 - \|x + y\| \geqslant \tau\varepsilon$. 再由 x, y 的任意性, 可知 (i) 成立.

(ii) 对任意 $\delta > 0$, 存在单位球面上两点 x_1, y_1 使得

$$\begin{aligned}
&\|x^* + \tau y^*\| + \|x^* - \tau y^*\| \\
&\leqslant (x^* + \tau y^*)(x_1) + (x^* - \tau y^*)(y_1) + \delta \\
&= x^*(x_1 + y_1) + \tau y^*(x_1 - y_1) + \delta \\
&\leqslant \|x_1 + y_1\| + \tau\|x_1 - y_1\| + \delta,
\end{aligned}$$

故有

$$\frac{\|x^* + \tau y^*\| + \|x^* - \tau y^*\|}{2} - 1 \leqslant \frac{\|x_1 + y_1\|}{2} + \frac{\tau\|x_1 - y_1\|}{2} - 1 + \frac{\delta}{2}$$

$$\leqslant \frac{\tau\|x_1 - y_1\|}{2} - \delta_X(\|x_1 - y_1\|) + \frac{\delta}{2}$$

$$\leqslant \sup_{0 \leqslant \varepsilon \leqslant 2} \left\{ \frac{\varepsilon \tau}{2} - \delta_X(\varepsilon) \right\} + \frac{\delta}{2}.$$

于是

$$\rho_{X^*}(\tau) \leqslant \sup_{0 \leqslant \varepsilon \leqslant 2} \left\{ \frac{\varepsilon \tau}{2} - \delta_X(\varepsilon) \right\} + \frac{\delta}{2}.$$

再由 δ 的任意性, 可知 (ii) 成立.

(iii) 其证明可仿造 (ii) 进行.

(iv) 设 X^* 一致光滑, 则对 $\varepsilon > 0$, 存在足够小的 $\tau > 0$, 使得 $\rho_{X^*}(\tau) \leqslant \frac{\tau\varepsilon}{4}$, 故由 (i) 得 $\delta_X(\varepsilon) > \frac{\tau\varepsilon}{4}$, 从而 X 是一致凸的.

反之, 设 X 是一致凸的, 由 (ii) 得

$$\frac{\rho_{X^*}(\tau)}{\tau} = \sup_{0 \leqslant \varepsilon \leqslant 2} \left\{ \frac{\varepsilon}{2} - \frac{\delta_X(\varepsilon)}{\tau} \right\}.$$

如果存在数列 $\tau_n \to 0$, 使得 $\frac{\rho_{X^*}(\tau_n)}{\tau_n} > a > 0$, 则必有数列 ε_n, 使得 $\frac{\varepsilon_n}{2} - \frac{\delta_X(\varepsilon_n)}{\tau_n} \geqslant \frac{a}{2}$. 不妨设 $\varepsilon_n \to a_0$, 则 $a_0 \geqslant a > 0$, 而 $\delta_X(a_0) = \lim_{n \to \infty} \delta_X(\varepsilon_n) = 0$, 矛盾. 类似可证后半部分.

注记 1.4.2   对非平凡的 Banach 空间 X, Nordlander 证明了

$$\delta_X(\varepsilon) \leqslant 1 - \sqrt{1 - \frac{\varepsilon^2}{4}}.$$

再根据菱形律 (见 [16]), 又知 X 是 Hilbert 空间当且仅当对单位圆上任意两点 x, y 皆有

$$\|x + y\|^2 + \|x - y\|^2 \leqslant 4.$$

换句话说, X 是 Hilbert 空间当且仅当

$$\delta_X(\varepsilon) = \delta_H(\varepsilon) = 1 - \sqrt{1 - \frac{\varepsilon^2}{4}}.$$

再根据定理 1.4.1, 又有对非平凡的 Banach 空间 X, 有 $\rho_X(\tau) \geqslant \rho_H(\tau) = 2\sqrt{1 + \tau^2} - 1$; 且 X 是 Hilbert 空间当且仅当 $\rho_X(\tau) = \rho_H(\tau) = 2\sqrt{1 + \tau^2} - 1$.

定理 1.4.2(James 定理)   设 X 是 Banach 空间, 则下列两组条件分别等价:

(a) X 是自反的;

(b) 对每个 $f \in S(X^*)$, 存在 $x \in S(X)$ 使得 $f(x) = 1$. 及

(c) X 是不是自反的; (d) 对每个 $0 < \theta < 1$, 存在序列 $\{x_n\} \subseteq B_X$, 和序列 $\{f_n\} \subseteq B_{X^*}$, 使得

$$f_n(x_k) = \theta(n \leqslant k); \quad f_n(x_k) = 0(n > k).$$

该定理证明可见 [88]. 利用 James 定理, 可知下述结果.

定理 1.4.3   如果 Banach 空间 X 是一致凸的或一致光滑的, 则必自反.

证明   设 X 是一致凸的, 任取 $f \in S(X^*)$, 存在 $x_n \in S(X)$, 使得 $f(x_n) \to 1$. 我们断定 x_n 必是柯西序列, 事实上, 假若不然必存在 $\varepsilon > 0$ 和子列 $\{x_{n_i}\}, \{x_{m_i}\}$, 使得 $\|x_{n_i} - x_{m_i}\| \geqslant \varepsilon$. 由一致凸性, 存在正数 δ, 使得

$$\left| f\left(\frac{x_{n_i} + x_{m_i}}{2} \right) \right| \leqslant \|f\| \left\| \frac{x_{n_i} + x_{m_i}}{2} \right\| \leqslant 1 - \delta.$$

此与 $f(x_n) \to 1$ 矛盾. 故必有 $x \in X$, 使得 $x_n \to x$, 易见, $\|x\| = 1$, 且 $f(x) = 1$. 利用 James 定理, 可知 X 是自反的. 由定理 1.4.1 可知, 当 X 是一致光滑时, 有 X^* 是一致凸的, 从而 X^* 是自反的, 进而 X 是自反的.

利用 James 定理, 还可证明如下更深刻的结果.

定理 1.4.4([10])   如果 X 是一致非方空间, 则 X 必自反.

现对每列范数是 1 的线性泛函列 $(g_j)_{j \in N}$, 和自然数 $n \geqslant 1$ 及每个严格增加的自然数列 $p_1 < p_2 < \cdots < p_{2n}$ 定义

$$S(p_1, p_2, \cdots, p_{2n}; (g_j)_{j \in N})$$
$$= \left\{ x \in X : \frac{3}{4} \leqslant (-1)^{i-1} g_k(x) \leqslant 1, p_{2i-1} < k \leqslant p_{2i}; i = 1, 2, \cdots, n \right\},$$

$$K(n, (g_j)_{j \in N}) = \liminf_{p_1 \to \infty} \cdots \liminf_{p_{2n} \to \infty} \inf\{\|z\| : z \in S(p_1, p_2, \cdots, p_{2n}; (g_j)_{j \in N})\},$$

及

$$K_n = \inf\{K(n, (g_j)_{j \in N}) : \|g_j\| = 1, j = 1, 2, \cdots\},$$

则有如下结果:

引理 1.4.1   如果 X 不自反, 则对每个自然数 $n \geqslant 1$ 有 $K_n \leqslant 2n$.

证明   取 $\theta \in \left(\frac{3}{4}, 1 \right)$, 根据 James 定理, 存在序列 $\{x_n\} \subseteq B_X$, 和序列 $\{f_n\} \subseteq$

B_{X^*}, 使得 $f_n(x_k) = \theta(n \leqslant k); f_n(x_k) = 0(n > k)$.

对每个自然数列 $p_1 < p_2 < \cdots < p_{2n}$, 令 $w = \sum_{j=1}^{n} (-1)^{j-1}(-x_{p_{2j-1}} + x_{p_{2j}})$,

如果 $p_{2i-1} < k \leqslant p_{2i}$, 则有当 $j = i$ 时, $f_k(-x_{p_{2j-1}} + x_{p_{2j}}) = \theta$; 而当 $j \neq i$ 时,

$f_k(-x_{p_{2j-1}} + x_{p_{2j}}) = 0$. 故 $(-1)^{i-1} f_k(w) = \theta$, 从而 $w \in S(p_1, p_2, \cdots, p_{2n}; (f_j)_{j \in N})$,

并且有 $K_n \leqslant 2n$.

下面证明定理 1.4.4.

假设 X 不自反. 显然, $K_n \geqslant \dfrac{3}{4}$, 令 $\delta \in (0, 1)$, 取 $r \in (1 - \delta, 1)$ 和 $0 < \varepsilon < \dfrac{3}{4} \dfrac{1-r}{2r+1}$,

则有 $K_n \geqslant \dfrac{3}{4} > \dfrac{(2r+1)\varepsilon}{1-r}$, 且

$$\frac{K_n - \varepsilon}{K_n + 2\varepsilon} > r \quad (n \geqslant 1);$$

又 $K_n \leqslant 2n$, 可知 $\liminf_{n \to \infty} \dfrac{K_n}{K_{n-1}} = 1$, 于是存在自然数 m 使得

$$\frac{K_{m-1} - \varepsilon}{K_m + 2\varepsilon} > 1 - \delta \quad (n \geqslant 1).$$

由 K_m 的定义, 存在一列范数为 1 的线性泛函 $(g_j)_{j \in N}$ 使得 $K(m, (g_j)_{j \in N}) < K_m + \varepsilon$.
从而可找 $4m$ 个整数满足

$$p_1 < q_1 < p_2 < p_3 < q_2 < q_3 < p_4 < p_5 < q_4 < q_5 < \cdots$$
$$< q_{2m-2} < q_{2m-1} < p_{2m} < q_{2m}.$$

并有

$\inf\{\|z\| : z \in S(p_1, p_2, \cdots, p_{2m}; (g_j)_{j \in N})\} < K(m, (g_j)_{j \in N}) + \varepsilon;$

$\inf\{\|z\| : z \in S(q_1, q_2, \cdots, q_{2m}; (g_j)_{j \in N})\} < K(m, (g_j)_{j \in N}) + \varepsilon;$

$\inf\{\|z\| : z \in S(q_1, p_2, q_3, p_4 \cdots, q_{2m-1}, p_{2m}; (g_j)_{j \in N})\} > K(m, (g_j)_{j \in N}) - \varepsilon;$

$\inf\{\|z\| : z \in S(p_3, q_2, p_5, q_4 \cdots, p_{2m-1}, q_{2m-2}; (g_j)_{j \in N})\} > K(m-1, (g_j)_{j \in N}) - \varepsilon.$

从而可找

$$u \in S(p_1, p_2, \cdots, p_{2m}; (g_j)_{j \in N}), v \in S(q_1, q_2, \cdots, q_{2m}; (g_j)_{j \in N}),$$

使得

$$\|u\| < K(m, (g_j)_{j \in N}) + \varepsilon, \|v\| < K(m, (g_j)_{j \in N}) + \varepsilon.$$

于是有

$$\frac{3}{4} \leqslant (-1)^{i-1} g_k(u) \leqslant 1, p_{2i-1} < k \leqslant p_{2i}, \quad i = 1, 2, \cdots, m$$

及

$$\frac{3}{4} \leqslant (-1)^{i-1} g_k(v) \leqslant 1, q_{2i-1} < k \leqslant q_{2i}, \quad i = 1, 2, \cdots, m.$$

从而当 $q_{2i-1} < k \leqslant p_{2i}, i = 1, 2, \cdots, m$ 时, 有

$$\frac{3}{4} \leqslant (-1)^{i-1} g_k(u) \leqslant 1, \quad \frac{3}{4} \leqslant (-1)^{i-1} g_k(v) \leqslant 1.$$

所以 $\frac{3}{4} \leqslant (-1)^{i-1} g_k\left(\frac{u+v}{2}\right) \leqslant 1$, 故

$$\frac{u+v}{2} \in S(q_1, p_2, q_3, p_4 \cdots, q_{2m-1}, p_{2m}; (g_j)_{j \in N}).$$

因此 $\left\| \dfrac{u+v}{2} \right\| \geqslant K(m, (g_j)_{j \in N}) - \varepsilon$. 同理有

$$\frac{3}{4} \leqslant (-1)^{i} g_k(u) \leqslant 1, \quad p_{2i+1} < k \leqslant p_{2i+2} \quad (i = 1, 2, \cdots, m-1);$$

及

$$\frac{3}{4} \leqslant (-1)^{i-1} g_k(v) \leqslant 1, \quad q_{2i-1} < k \leqslant q_{2i} \quad (i = 1, 2, \cdots, m).$$

于是有

$$\frac{3}{4} \leqslant (-1)^{i-1} g_k\left(\frac{v-u}{2}\right) \leqslant 1, \quad p_{2i+1} < k \leqslant q_{2i} \quad (i = 1, 2, \cdots, m-1).$$

故 $\dfrac{v-u}{2} \in S(p_3, q_2, p_5, q_4 \cdots, p_{2m-1}, q_{2m-2}; (g_j)_{j \in N})$. 因此

$$\left\| \frac{u-v}{2} \right\| \geqslant K(m-1, (g_j)_{j \in N}) - \varepsilon.$$

最后令

$$x = \frac{u}{K_m + 2\varepsilon}, \quad y = \frac{v}{K_m + 2\varepsilon},$$

可得 $\|x\| \leqslant 1, \|y\| \leqslant 1$, 并且 $\left\| \dfrac{x+y}{2} \right\| > 1 - \delta, \left\| \dfrac{x-y}{2} \right\| > 1 - \delta$. 此与 X 是一致非方矛盾.

1.5 正规结构与一致正规结构

定义 1.5.1 Banach 空间 X 中的一个凸集 K 称为具有正规结构, 如果对 K 的每个非单点集的有界闭凸子集 C, 都包含一个非直径点, 即存在 $x \in C$, 使得 $\sup\{\|x - y\| : y \in C\} < \operatorname{diam} C$.

定义 1.5.2 Banach 空间 X 称为具有 (弱) 正规结构, 如果对 X 的每个非单点集的有界闭凸子集 (弱紧凸子集) C, 都包含一个非直径点.

定义 1.5.3 Banach 空间 X 称为具有一致正规结构, 如果对存在 $c \in (0, 1)$, 使得对 X 的每个非单点集的有界闭凸子集 C 都包含一个点 x, 满足

$$\sup\{\|x - y\| : y \in C\} < c \cdot \operatorname{diam} C.$$

对 X 的子集 D, 如果令

$$r_u(D) = \sup\{\|u - v\| : v \in D\}, \quad u \in X;$$

$$r(D) = \inf\{r_u(D) : u \in D\},$$

及

$$C(D) = \{u \in D : r_u(D) = r(D)\}.$$

则称 $r_u(D)$ 为 D 相对 u 的半径, $r(D)$ 叫做 D 的 Chebyshev 半径, $C(D)$ 叫做 D 的 Chebyshev 中心. Bynum 引入如下常数

$$N(X) = \sup\left\{ \frac{r(K)}{\operatorname{diam}(K)} : K \subseteq X \text{是有界凸的, 且} \operatorname{diam}(K) > 0 \right\}$$

称为 X 的正规系数.

显见 $N(X) \leqslant 1$, 而 $N(X) < 1$ 等价于 X 具有一致正规结构.

命题 1.5.1 如果 Banach 空间 X 的凸性模满足 $\delta(1) > 0$(i.e. $\varepsilon_0(X) < 1$), 则 X 具有正规结构.

证明 设 $K \subseteq X$ 是闭凸的且 $\operatorname{diam}(K) = d > 0$, 取 $\mu > 0$ 使得 $d - \mu > \varepsilon_0(X)d$. 再选 $u, v \in K$ 使得 $\|u - v\| \geqslant d - \mu$, 并令 $z = \dfrac{u + v}{2}$, 则对 K 中任意点 x 有

$$\|u - x\| \leqslant d, \quad \|v - x\| \leqslant d, \quad \|u - v\| \geqslant d - \mu.$$

从而

$$\|x - z\| \leqslant \left[1 - \delta \left(\frac{d - \mu}{d} \right) \right] d.$$

因为 $\delta \left(\dfrac{d - \mu}{d} \right) > 0$, 故 z 是 K 的一个非直径点.

观察上述命题的证明, 可知.

命题 1.5.1' 如果 Banach 空间 X 的凸性模满足 $\delta(1) > 0$, 则 X 具有一致正规结构, 且 $N(X) \leqslant 1 - \delta(1)$.

由于弱紧凸集必是有界闭凸集, 故正规结构蕴含弱正规结构, 但当 X 自反时, 则正规结构与弱正规结构相同.

定理 1.5.1 设 X 是 Banach 空间, X 中的一个凸集 K 不具有正规结构当且仅当在 K 中存在有界序列 $\{x_n\}$ 使得对每个 $x \in co\{x_n\}$ 有

$$\lim_{n \to \infty} \|x_n - x\| = \mathrm{diam}(\{x_n\}) > 0. \tag{1.5.1}$$

证明 如果在 K 中存在有界序列 $\{x_n\}$ 使得对每个 $x \in co\{x_n\}$ 有 (1.5.1) 成立, 则令 $C = \overline{co}\{x_n\}$, 则 C 不包含一个非直径点, 故 K 不具有正规结构.

反之, 假设 K 中包含一个有界闭凸子集 C, 不包含一个非直径点, 记 $d = \mathrm{diam}C$. 我们归纳地可选取 $\{x_n\} \in C$ 使得对一切 $y \in co(\{x_k\}_1^{n-1})$ 有 $\|y - x_n\| \geqslant d - \dfrac{2}{n}$. 任取 $x_1 \in C$, 再取 $x_2 \in C$ 使得 $\|x_1 - x_2\| \geqslant d - \dfrac{1}{2}$. 一般地, 假如 $x_1, x_2, \ldots x_{n-1}$ 已选定, 我们取 $\{y_1, y_2, \ldots, y_m\}$ 为 $co(\{x_k\}_1^{n-1})$ 的 $\dfrac{1}{n}$-网 (可设 $m > n$), 令 $z = \dfrac{\sum_1^m y_i}{m}$, 则可取 $x_n \in C$ 使得 $\|z - x_n\| \geqslant d - \dfrac{1}{m^2}$. 于是

$$\begin{aligned}
d - \frac{1}{m^2} &\leqslant \left\| \frac{1}{m} \sum_1^m y_i - \frac{1}{m} \sum_1^m x_n \right\| \\
&\leqslant \frac{1}{m} \|y_k - x_n\| + \frac{1}{m} \sum_{i \neq k} \|y_i - x_n\| \\
&\leqslant \frac{1}{m} \|y_k - x_n\| + \frac{m - 1}{m} d.
\end{aligned}$$

故对每个 k 有 $\|y_k - x_n\| \geqslant d - \dfrac{1}{m} \geqslant d - \dfrac{1}{n}$. 由于对每个 $y \in co(\{x_k\}_1^{n-1})$ 有某个 i 使得 $\|y - y_i\| < \dfrac{1}{n}$, 从而 $\|y - x_n\| \geqslant \|y_i - x_n\| - \|y - y_i\| \geqslant d - \dfrac{2}{n}$.

引理 1.5.1([65])　　设 X 是 Banach 空间, X 中的一个弱紧凸子集 C 不具有正规结构, 则在 X 中存在弱收敛于零的直径为 1 的序列 $\{y_n\}$ 使得对每个自然数 n 有

$$1 - \frac{1}{n} < d\{y_{n+1}, co\{y_1, y_2, \cdots, y_n\}\} < 1 + \frac{1}{n}. \tag{1.5.2}$$

证明　　由定理 1.5.1 存在 C 中一个序列 $\{x_n\}$ 使得对每个 $x \in co\{x_n\}$ 有 (1.5.1) 成立, 记 $d = \mathrm{diam}\{x_n : n \geqslant 1\}$. 令 $y_1 = x_1$, 由定理 1.5.1 存在 n_2 使得 $d - 1 < \|x_{n_2} - y_1\| < d + 1$, 令 $y_2 = x_{n_2}$. 又 $co\{y_1, y_2\}$ 紧, 故有有限的 $\frac{1}{4}$-网 $\{z_1, z_2, \ldots, z_m\}$, 由定理 1.5.1 存在 $n_3 > n_2$ 使得 $d - \frac{1}{4} < \|x_{n_3} - z_i\| < d + \frac{1}{4}$, $i = 1, 2, \ldots, m$, 从而对一切 $z \in co\{y_1, y_2\}$, 有 $d - \frac{1}{2} < \|x_{n_3} - z\| < d + \frac{1}{2}$. 令 $y_3 = x_{n_3}$. 这样就可选一个 $\{x_n\}$ 的子列 $\{y_n\}$ 满足

$$d - \frac{1}{n} < d\{y_{n+1}; co\{y_1, y_2, \cdots, y_n\}\} < d + \frac{1}{n}.$$

于是 $\{y_n\}$ 满足 (1.5.2). 因为 (x_n) 的任何子序列也满足 (1.5.2), 由弱紧性不妨设 $\{x_n\}$ 弱收敛于某点 x. 如果事先用 $C - x$ 代替 C, 再通过将序列各项乘一个常数因子, 不妨设 $\{x_n\}$ 弱收敛于零, 且 $\mathrm{diam}\{x_n : n \geqslant 1\} = 1$. 此时再由 (1.5.2) 还有

$$\lim_{n \to \infty} \|x_n\| = 1. \tag{1.5.3}$$

该引理的证明蕴含如下结果.

推论 1.5.1　　设 X 是 Banach 空间且不具有弱正规结构, 则存在弱收敛于零的序列 $\{x_n\}$ 使得

$$\lim_{n \to \infty} d(x_{n+1}, conv(x_1, \cdots, x_n)) = \mathrm{diam}\{x_n\} = \lim_{n \to \infty} \|x_n\| = 1.$$

显见, 由引理 1.5.1 还可得下述结果.

引理 1.5.2　　设 X 是 Banach 空间, X 不具有弱正规结构, 则对任意 $\varepsilon \in (0, 1)$, 存在单位球面上的弱收敛于零序列的 (z_n) 使得对充分大的自然数 n 和满足 $z \in co\{z_k\}_1^n$ 的 z 有

$$1 - \varepsilon < \|z_{n+1} - z\| < 1 + \varepsilon. \tag{1.5.4}$$

引理 1.5.3　　设 X 是 Banach 空间, X 不具有弱正规结构, 则对任意 $\varepsilon \in (0, 1)$, 存在 x_1, x_2, x_3 满足

(i) $x_2 - x_3 = ax_1$ 且 $|a - 1| < \varepsilon$;

(ii) $|\|x_1 - x_2\| - 1|, |\|x_3 - (-x_1)\| - 1| < \varepsilon$;

(iii) $\frac{1}{2}\|x_1 + x_2\|, \frac{1}{2}\|x_3 + (-x_1)\| > 1 - \varepsilon$.

证明   令 $\eta = \frac{\varepsilon}{4}$, 及 $\{z_n\}$ 是引理 1.5.2 中相应 η 所产生的序列. 下证对充分大的自然数 n 有

$$1 - \eta < \left\|z_n - \frac{z_1}{2}\right\| < 1 + \eta. \tag{1.5.5}$$

事实上, 由 $\{z_n\}$ 弱收敛于零, 故零在 $\{z_n\}$ 凸包腔的弱闭包中, 而该弱闭包等于范数闭包, 从而存在自然数 n_0 及 $y \in co\{z_k\}_1^{n_0}$, 使得 $\|y\| < \eta$, 不妨设 n_0 足够大, 还使得当 $n \geqslant n_0$ 时, 对一切 $z \in co\{z_k\}_1^{n_0}$, 有

$$1 - \frac{\eta}{2} < \|z_n - z\| < 1 + \frac{\eta}{2}.$$

故当 $n \geqslant n_0$ 时,

$$\left\|z_n - \frac{z_1}{2}\right\| \geqslant \left\|z_n - \frac{y + z_1}{2}\right\| - \frac{\|y\|}{2} > 1 - \eta,$$

$$\left\|z_n - \frac{z_1}{2}\right\| \leqslant \left\|z_n - \frac{y + z_1}{2}\right\| + \frac{\|y\|}{2} < 1 + \eta.$$

现令 f_1 为 z_1 的支撑泛函, 即 $\|f_1\| = <f_1, z_1> = 1$, 设 n_0 足够大使得

$$|<f_1, z_{n_0}>| < \eta, \quad 1 - \eta < \|z_{n_0} - z_1\|, \quad \left\|z_{n_0} - \frac{z_1}{2}\right\| < 1 + \eta.$$

现取 $x_1 = \frac{z_1 - z_{n_0}}{\|z_1 - z_{n_0}\|}$, $x_2 = z_1$, $x_3 = z_{n_0}$, 则即为所求.

事实上, (i) 显然成立; (ii) 由下列式子成立

$$\|x_2 - x_1\| = \|(1 - \|z_1 - z_{n_0}\|)x_1 - z_{n_0}\| \leqslant \frac{|1 - \|z_1 - z_{n_0}\|| + \|z_{n_0}\|}{\|z_1 - z_{n_0}\|}$$

$$\leqslant \frac{1 + \eta}{1 - \eta} < 1 + 4\eta = 1 + \varepsilon,$$

$$\|x_2 - x_1\| = \|(1 - \|z_1 - z_{n_0}\|)x_1 - z_{n_0}\| \geqslant \frac{\|z_{n_0}\| - |1 - \|z_1 - z_{n_0}\||}{\|z_1 - z_{n_0}\|}$$

$$\geqslant \frac{1 - \eta}{1 + \eta} > 1 - 4\eta = 1 - \varepsilon.$$

类似地可证 (ii) 中另一个式子; 最后

$$\|x_1 + z_1\| \geqslant 1 + <f_1, x_1> = 1 + \frac{<f_1, z_1> - <f_1, z_{n_0}>}{\|z_1 - z_{n_0}\|} > 1 + \frac{1 - \eta}{1 + \eta} > 2 - 4\eta,$$

$$\|z_{n_0} - x_1\| \geqslant \|z_{n_0} - (z_1 - z_{n_0})\| - \|(z_1 - z_{n_0}) - x_1\| \geqslant 2\left\|z_{n_0} - \frac{z_1}{2}\right\| - \eta > 2 - 4\eta.$$

引理 1.5.4   设 $\varepsilon \in (0,1), x_1, x_2 \in B(X)$, 如果 $\dfrac{\|x_1 + x_2\|}{2} > 1 - \varepsilon$, 则对 x_1, x_2 连线上的一切点 z 有 $\|z\| > 1 - 2\varepsilon$.

证明   令 $z = tx_1 + (1-t)x_2$, 不妨设 $0 \leqslant t \leqslant \dfrac{1}{2}$, 由

$$z = (2 - 2t)\frac{x_1 + x_2}{2} - (1 - 2t)x_1,$$

可知

$$\|z\| \geqslant (2 - 2t)(1 - \varepsilon) - (1 - 2t) \geqslant 1 - 2\varepsilon.$$

定理 1.5.2   设 X 是 Banach 空间, 如果 $\lim\limits_{\tau \to 0+} \dfrac{\rho(\tau)}{\tau} < \dfrac{1}{2}$, 则 X 有弱正规结构.

证明   假设 X 没有弱正规结构, 对 $\dfrac{1}{2} > \tau > 0$, 令 $\varepsilon = \tau^2$, 根据引理 1.5.3 可在单位球面上取三点 x_1, x_2, x_3 满足引理 1.5.3 的结论. 令 $x = x_1, y = \dfrac{x_2 - x_1}{\|x_2 - x_1\|}$. 则由引理 1.5.4 和引理 1.5.3 可知 $\|x + \tau y\| > 1 - 2\varepsilon$, 且

$$\begin{aligned}
\|x - \tau y\| &\geqslant \|x_1 - \tau(x_2 - x_1)\| - \left\|\tau(x_2 - x_1) - \frac{\tau(x_2 - x_1)}{\|x_2 - x_1\|}\right\| \\
&= \|(1 + \tau)x_1 - \tau(ax_1 + x_3)\| - \tau|\|x_2 - x_1\| - 1| \\
&\geqslant \|(1 + \tau)x_1 - \tau(x_1 + x_3)\| - \tau|1 - a| - \tau\varepsilon \\
&\geqslant (1 + \tau)\left\|\frac{\tau}{1 + \tau}x_3 - \frac{x_1}{1 + \tau}\right\| - 2\tau\varepsilon \\
&\geqslant (1 + \tau)(1 - 2\varepsilon) - 2\varepsilon\tau.
\end{aligned}$$

因此, $\dfrac{\rho(\tau)}{\tau} \geqslant \dfrac{1}{2} - 2\tau(1 + \tau)$, 从而 $\lim\limits_{\tau \to 0+} \dfrac{\rho(\tau)}{\tau} \geqslant \dfrac{1}{2}$, 故矛盾.

故 X 具有弱正规结构.

事实上还有如下结果.

命题 1.5.2 X 是 Banach 空间, 如果 $\lim\limits_{\tau \to 0+} \dfrac{\rho(\tau)}{\tau} < \dfrac{1}{2}$, 则 X 是超自反的且有正规结构.

证明   根据 R.C.James 的一个定理 [35] 可知, 如果 X 不是超自反的, 则对任意 $c \in (0,1)$ 存在 $x_1, x_2 \in B_X$ 及 $x_1^*, x_2^* \in B_{X^*}$ 使得

$$x_1^*(x_1) = x_1^*(x_2) = x_2^*(x_2) = c, \quad x_2^*(x_1) = 0.$$

故对一切 $\tau > 0$ 有

$$
\begin{aligned}
\rho_X(\tau) &\geqslant \frac{\|x_2 + \tau x_1\| + \|x_2 - \tau x_1\|}{2} - 1 \\
&\geqslant \frac{x_1^*(x_2 + \tau x_1) + x_2^*(x_2 - \tau x_1)}{2} - 1 \\
&= c(1 + \tau/2) - 1.
\end{aligned}
$$

故 $\rho_X(\tau) \geqslant \tau/2$, 矛盾.

现设 X 不具有正规结构, 则存在单位球中序列 $\{x_n\}$ 使得

$$
x_n \xrightarrow{w} 0, \quad \lim_{n \to \infty} \|x_n\| = 1, \quad \mathrm{diam}\{x_n\} \leqslant 1.
$$

考虑模为 1 的泛函 x_n^* 使得

$$
x_n^*(x_n) = \|x_n\|, \quad n \geqslant 1.
$$

由于 X^* 自反, 不妨设 $x_n^* \xrightarrow{w} x^*$, 选取 i 使得 $|x^*(x_i)| < \varepsilon/2$ 而 $\|x_n\| > 1 - \varepsilon$ 对一切 $n \geqslant i$; 则当 $j > i$ 充分大时,

$$
|(x_j^* - x^*)(x_i)| < \varepsilon/2, |x_i^*(x_j)| < \varepsilon.
$$

结果 $|x_j^*(x_i)| < \varepsilon$, 且对一切 $\tau \in (0, 1)$ 有

$$
\begin{aligned}
\rho_X(\tau) &\geqslant \frac{\|x_i - x_j + \tau x_i\| + \|x_i - x_j - \tau x_i\|}{2} - 1 \\
&\geqslant \frac{|x_i^*((1 + \tau)x_i - x_j)| + |x_j^*(x_j - (1 - \tau)x_i|}{2} - 1 \\
&\geqslant \frac{1}{2}[(1 + \tau)(1 - \varepsilon) - \varepsilon + 1 - \varepsilon - (1 - \tau)\varepsilon] - 1 \\
&= \tau/2 - 2\varepsilon.
\end{aligned}
$$

由 ε 的任意性, 得 $\rho_X(\tau) \geqslant \dfrac{\tau}{2}$, 此与条件矛盾. 和凸性模一样, 光滑模也具有 2-维特征, 故也有 $\rho_X'(.) = \rho_{(X)_{\mathscr{U}}}'(.)$. 故根据后面的定理 1.5.3 亦有如下结果.

命题 1.5.3 X 是 Banach 空间, 如果 $\displaystyle\lim_{\tau \to 0+} \frac{\rho(\tau)}{\tau} < \frac{1}{2}$, 则 X 有一致正规结构.

定理 1.5.3 (Aksoy) ([3]) 具有超正规结构的 Banach 空间必具有一致正规结构.

证明 假设 X 不具有一致正规结构, 则存在 X 的有界闭凸子集列 $\{K_n\}$ 使得每个都含有 0 且直径为 1, 而有 $\lim_{n \to \infty} r(K_n) = 1$. 现考虑超幂 $X_{\mathscr{U}}$ 中的子集

$K = \{x : x = [x_i]_{\mathcal{U}} ; x_i \in K_i\}$. 其中 $\mathcal{U}$ 是 $\mathcal{N}$ 上的超滤子, 则 K 是 $X_{\mathcal{U}}$ 中的闭凸子集, 且直径为 1. 此外, 对任意 $x = [x_i]_{\mathcal{U}} \in K$, 存在 $y = [y_i]_{\mathcal{U}} \in K$ 使得

$$\lim_{i \to \infty} \|x_i - y_i\| = 1.$$

故 $\|x - y\|_{\mathcal{U}} = 1$, 从而 K 就无非直径点, 故 $X_{\mathcal{U}}$ 无正规结构, 此与 X 具有超正规结构矛盾.

另一个与正规结构相关的概念是下述 Opial 条件.

定义 1.5.4 称 Banach 空间 X 具有 Opial 条件, 如果对 X 中任意弱收敛于 x_0 的序列 $\{x_n\}$ 有

$$\liminf_{n \to \infty} \|x_n - x_0\| < \liminf_{n \to \infty} \|x_n - x\|,$$

其中上式对一切 $x \neq x_0$ 成立.

定理 1.5.4 设 X 是满足 Opial 条件的 Banach 空间, 则 X 具有正规结构.

证明 假设 X 不具有正规结构, 则 X 含有一个弱收敛于 0 的序列 $\{x_n\}$ 使得

$$\lim_{n \to \infty} d(x_{n+1}, conv(x_1, \cdots, x_n)) = \text{diam}\{x_n\} = \lim_{n \to \infty} \|x_n\| = 1.$$

特别地, 取 $y \in conv\{x_1, x_2, \cdots\}$, 就有 $\lim_{n \to \infty} \|y - x_n\| = \text{diam}\{x_n\}$. 同样对 $y \in \overline{conv}\{x_1, x_2, \cdots\}$ 成立, 现取 $y = 0$, 则有

$$\lim_{n \to \infty} \|x_n\| = \text{diam}\{x_n\} = \lim_{n \to \infty} \|x_1 - x_n\|.$$

定义 1.5.5 假设 $\mu(X)$ 是使得下列式子成立的所有正数 r 的下确界

$$\limsup_{n \to \infty} \|x_n + x\| \leqslant r \limsup_{n \to \infty} \|x_n - x\|$$

其中 x 是 X 中任意一点, $\{x_n\}$ 是任意弱收敛于 0 的序列. 则称 $\mu(X)$ 为 X 的弱正交系数的倒数. 易证 $1 \leqslant \mu(X) \leqslant 3$.

定理 1.5.5 如果 Banach 空间 X 自反, 则 $\mu(X) = \mu(X^*)$.

证明 令 $\{x_n\}$ 是任意弱收敛于 0 的序列, $x \in X$. 取 $f_n \in S_{X^*}$ 使得 $f_n(x_n - x) = \|x_n - x\|$. 可选取 $\{x_n\}$ 的子列 $(x_{n_k}$ 及 $\{f_n\}$ 的子列 $\{f_{n_k}\}$ 使得 $\lim_k \|x_{n_k} - x\| =$

$\limsup_n \|x_n - x\|$ 且 f_{n_k} 弱收敛于某 $f \in X^*$. 故

$$
\begin{aligned}
\limsup_n \|x_n - x\| &= \lim_k \|x_{n_k} - x\| \\
&= \lim_k f_{n_k}(x_{n_k} - x) \\
&= \lim_k ((f_{n_k} - f) - f)(x_{n_k} + x) \\
&\leqslant \limsup_k \|(f_{n_k} - f) - f\| \|x_{n_k} + x\| \\
&\leqslant \mu(X^*) \limsup_k \|f_{n_k}\| \limsup_k \|x_{n_k} + x\| \\
&= \mu(X^*) \limsup_k \|x_{n_k} + x\|.
\end{aligned}
$$

从而 $\mu(X) \leqslant \mu(X^*)$, 再由自反性得 $\mu(X^*) \leqslant \mu(X)$.

第 2 章　James 常数、von Neumann-Jordan 常数、Dunkl-Williams 常数

2.1　James 常数与 von Neumann-Jordan 常数的简单性质

下面总设 X 为非平凡的 Banach 空间即设 $\dim X \geqslant 2$, B_X 和 S_X 分别表示 X 的单位球和单位球面.

定义 2.1.1　称常数

$$J(X) = \sup\{\min(\|x + y\|, \|x - y\|) : x, y \in S_X\}$$

为 X James 常数或一致非方常数.

引理 2.1.1([73])　设 X 是非平凡的 Banach 空间, 则对任意的 $x, y \in X, \|x\| = 1, \|y\| \leqslant 1$, 存在 $u, v \in S_X$, 使得 $x - y = u - v, \|x + y\| \leqslant \|u + v\|$.

证明　1) 若 x, y 线性无关, 令

$$f(\theta) = \left\| \frac{(\cos\theta)x + (\sin\theta)y}{\|(\cos\theta)x + (\sin\theta)y\|} - x + y \right\|, \quad 0 \leqslant \theta \leqslant \frac{3\pi}{4}.$$

由于 $f(0) = \|y\| \leqslant 1, f\left(\dfrac{3\pi}{4}\right) = 1 + \|x - y\| \geqslant 1$, 故存在 $\theta_0 \in \left[0, \dfrac{3\pi}{4}\right]$ 使得 $f(\theta_0) = 1$. 令

$$u = \frac{(\cos\theta_0)x + (\sin\theta_0)y}{\|(\cos\theta_0)x + (\sin\theta_0)y\|}, \quad v = u - x + y$$

即可.

2) 若 x, y 线性相关, 令 $y = kx(-1 \leqslant k \leqslant 1)$. 不妨设 $0 \leqslant k < 1$, 取 $x_0 \notin \mathrm{span}\{x\}, \|x_0\| = 1$ 使 $\|x - x_0\| < 1 - k$ 则

$$\|y + x_0 - x\| = \|kx + x_0 - x\| \leqslant k + \|x_0 - x\| < 1$$

且 x_0 与 $y + (x_0 - x)$ 线性无关, 由 1) 可知存在 $u, v \in X$, 使 $\|u\| = \|v\| = 1, u - v = x_0 - (y + x_0 - x) = x - y$.

设 u, v 如前面所述, 下证 $\left\| \dfrac{u+v}{2} \right\| \geqslant \left\| \dfrac{x+y}{2} \right\|$. 为此, 首先证明存在 $\lambda \geqslant 1, \beta \geqslant 0$ 使得

$$x = \lambda \left(\frac{x+y}{2} \right) - \beta(u-x).$$

事实上, 当 x, y 线性相关, 令 $\beta = 0, \lambda = \dfrac{2}{1+k}$, 其中 $y = kx(-1 < k \leqslant 1)$ 即可.

当 x, y 线性无关, 令

$$\beta = \|(\cos\theta_0)x + (\sin\theta_0)y\|(\|(\cos\theta_0)x + (\sin\theta_0)y\| - \cos\theta_0 + \sin\theta_0)^{-1},$$

其中 θ_0 如前面 1) 中所述, 则 $\beta \geqslant 0$.

再令

$$\lambda = 1 - \beta + \beta \frac{\cos\theta_0 + \sin\theta_0}{\|(\cos\theta_0)x + (\sin\theta_0)y\|}.$$

由 Hahn-Banach 定理, 存在 $x^* \in X^*, \|x^*\| = 1$ 使得 $x^*(u) = \|u\| = 1$. 故

$$1 \geqslant x^*(v) = x^*(u - x + y) = x^*(u) - x^*(x) + x^*(y) = 1 - x^*(x) + x^*(y),$$

因此 $x^*(x) \geqslant x^*(y)$. 再由 $\theta_0 \in \left[0, \dfrac{3\pi}{4}\right]$ 可知

$$\|(\cos\theta_0)x + (\sin\theta_0)y\| = (\cos\theta_0)x^*(x) + (\sin\theta_0)x^*(y)$$
$$\leqslant x^*(x)(\cos\theta_0 + \sin\theta_0) \leqslant \cos\theta_0 + \sin\theta_0.$$

故

$$\lambda = 1 - \beta + \beta \frac{\cos\theta_0 + \sin\theta_0}{\|(\cos\theta_0)x + (\sin\theta_0)y\|} \geqslant 1 - \beta + \beta = 1.$$

其次, 通过计算可知 $\dfrac{\lambda}{2}(u+v) = (\beta + \lambda)u + (1 - \beta - \lambda)x$, 故

$$\|\beta u + (1-\beta)x\| = \sup_{\|x^*\|=1} (x^*(x) + \beta x^*(u-x))$$
$$\leqslant \max\{1, \sup_{\|x^*\|=1} (x^*(x) + (\beta + \lambda)x^*(u-x))\}$$
$$\leqslant \|x + (\beta + \lambda)(u-x)\|,$$

故 $\lambda \left\| \dfrac{u+v}{2} \right\| \geqslant \lambda \left\| \dfrac{x+y}{2} \right\|$, 从而结论成立.

定理 2.1.1 对非平凡的 Banach 空间 X, James 常数有下列简单性质 [23, 24, 42].

(i) $J(X) = \sup\left\{\varepsilon \in (0,2) : \delta_X(\varepsilon) \leqslant 1 - \dfrac{\varepsilon}{2}\right\}$;

(ii) $\sqrt{2} \leqslant J(X) \leqslant 2$;

(iii) 如果 $J(X) < 2$, 则有 $\delta_X(J(X)) = 1 - \dfrac{J(X)}{2}$;

(iv) $J(X) = \sup\{\min(\|x+y\|, \|x-y\|) : x, y \in B_X\}$;

(v) 如果 $1 \leqslant p \leqslant \infty$ 且 $X = l_p$ 或 $X = L_p(\mu)$. 若 $\dim X \geqslant 2$, 则 $J(X) = \max\{2^{1/p}, 2^{1-1/p}\}$;

(vi) 如果 X 是 Hilbert 空间, 则 $J(X) = \sqrt{2}$. 反之不成立;

(vii) X 是一致非方的当且仅当 $J(X) < 2$ 当且仅当 $\delta_X(\varepsilon) > 0$ 对某 $\varepsilon \in (0, 2)$;

(viii) 若 $X = l_1 - l_2$, 则 $J(X) = \sqrt{\dfrac{8}{3}}, J(X^*) = 1 + \dfrac{\sqrt{2}}{2}$, 由此可见 $J(X) \neq J(X^*)$.

证明　(i) 记
$$\varepsilon_0 = \sup\left\{\varepsilon \in (0, 2) : \delta_X(\varepsilon) \leqslant 1 - \frac{\varepsilon}{2}\right\}.$$

先证 $J(X) \leqslant \varepsilon_0$. 不妨设 $\varepsilon_0 < 2$. 任取 $\varepsilon \in (\varepsilon_0, 2)$, 对单位球面上任意两点 x, y, 我们有要么 $\|x - y\| \leqslant \varepsilon$, 要么 $\|x - y\| > \varepsilon$. 当 $\|x - y\| > \varepsilon$ 时, 由 $\delta_X(\varepsilon) > 1 - \dfrac{\varepsilon}{2}$, 可知 $1 - \dfrac{\|x+y\|}{2} > 1 - \dfrac{\varepsilon}{2}$, 即 $\|x + y\| \leqslant \varepsilon$, 故 $J(X) \leqslant \varepsilon$, 令 $\varepsilon \to \varepsilon_0^+$, 得 $J(X) \leqslant \varepsilon_0$. 再证 $J(X) \geqslant \varepsilon_0$. 取 $\eta \in \left(0, \dfrac{\varepsilon_0}{3}\right)$, 记 $\varepsilon = \varepsilon_0 - \eta$. 存在两点 $x, y \in S_X$, 使得 $\|x - y\| \geqslant \varepsilon$, 且 $1 - \dfrac{\|x+y\|}{2} < \delta_X(\varepsilon) + \eta$. 故 $\|x + y\| \geqslant 2(1 - \delta_X(\varepsilon) - \eta)$, 从而 $J(X) \geqslant \min\{2(1 - \delta_X(\varepsilon) - \eta), \varepsilon\} \geqslant \min\{\varepsilon - 2\eta, \varepsilon\}$. 由 η 的任意性得 $J(X) \geqslant \varepsilon_0$.

(ii) $J(X) \leqslant 2$, 显然成立. 根据 $\delta_X(\varepsilon) \leqslant 1 - \sqrt{1 - \dfrac{\varepsilon^2}{4}}$, 如果 $\varepsilon < \sqrt{2}$, 则必有 $\delta_X(\varepsilon) \leqslant 1 - \sqrt{1 - \dfrac{\varepsilon^2}{4}} < 1 - \dfrac{\varepsilon}{2}$, 故 $J(X) \geqslant \sqrt{2}$.

(iii) 当 $J(X) < 2$ 时, 可取 $\varepsilon_n \to J(X)^-$, 由 $\delta_X(\varepsilon_n) \leqslant 1 - \dfrac{\varepsilon_n}{2}$, 令 $n \to \infty$, 得 $\delta_X(J(X)) \leqslant 1 - \dfrac{J(X)}{2}$. 再取 $\theta_n \to J(X)^+$, 可知 $\delta_X(\theta_n) > 1 - \dfrac{\theta_n}{2}$. 令 $n \to \infty$, 得 $\delta_X(J(X)) \geqslant 1 - \dfrac{J(X)}{2}$.

(iv) 令 $A = \sup\{\min(\|x+y\|, \|x-y\|) : x, y \in B_X\}$. 对任意 $x, y \in S_X$, 有 $x, y \in B_X$, 故 $\min(\|x+y\|, \|x-y\|) \leqslant A$, 从而, $J(X) \leqslant A$. 反之, 任取 $x, y \in B_X$, 可设 $\|x\| \geqslant \|y\|$, 且 $x \neq 0$, 由于
$$\min(\|x+y\|, \|x-y\|) \leqslant \min\left(\left\|\frac{x}{\|x\|} + \frac{y}{\|x\|}\right\|, \left\|\frac{x}{\|x\|} - \frac{y}{\|x\|}\right\|\right),$$

可知

$$A \leqslant \sup\{\min(\|x+y\|, \|x-y\|) : x \in S_X, y \in B_X\}.$$

对 $x \in S_X, y \in B_X$. 由引理得 2.1.1 知; 存在 $u, v \in S_X$, 使得 $u-v = x-y, \|x+y\| \leqslant \|u+v\|$, 故有

$$\sup\{\min(\|x+y\|, \|x-y\|) : x \in S_X, y \in B_X\} \leqslant J(X).$$

(v) 当 $p \geqslant 2$ 时, 令 $x = (2^{-\frac{1}{p}}, 2^{-\frac{1}{p}}, 0, \cdots), y = (2^{-\frac{1}{p}}, -2^{-\frac{1}{p}}, 0, \cdots)$, 可知 $J(l_p) \geqslant 2^{\frac{1}{q}}$. 另一方面, 由 (1.2.1) 式得

$$\|x+y\|^p + \|x-y\|^p \leqslant 2^{p-1}(\|x\|^p + \|y\|^p).$$

故有 $J(l_p) \leqslant 2^{\frac{1}{q}}$.

当 $1 \leqslant p \leqslant 2$ 时, 由 Clarkson 不等式得

$$\|x+y\|^p + \|x-y\|^p \leqslant 2(\|x\|^p + \|y\|^p).$$

故有 $J(l_p) \leqslant 2^{\frac{1}{p}}$. 另一方面, 令 $x = (1, 0, \cdots), y = (0, 1, \cdots)$, 可知 $J(l_p) \geqslant 2^{\frac{1}{p}}$.

如果考虑 $L_p(\mu)$. 只要注意到, 若 $x \in S_{L_p(\mu)}$, 存在 $\alpha \in [0, 1]$ 使得 $\int_0^\alpha |x(t)|^p dt = \frac{1}{2}$. 令

$$y = \begin{cases} x(t), & 0 \leqslant t \leqslant \alpha, \\ -x(t), & \alpha \leqslant t \leqslant 1. \end{cases}$$

则有 $\|y\| = 1, \|y \pm x\| = 2^{\frac{1}{q}}$.

(vi) 由于对任意 $x, y \in S_H$,

$$\|x+y\|^2 \wedge \|x-y\|^2 \leqslant \frac{\|x+y\|^2 + \|x-y\|^2}{2} = 2.$$

故 $J(X) \leqslant \sqrt{2}$.

令 X 是 $\mathbb{R}^2$ 赋予一个范数

$$\|x\| = \max\{|x_1| + (\sqrt{2}-1)|x_2|, |x_2| + (\sqrt{2}-1)|x_1|\},$$

则其单位球面为正八边形, 令 $x = (a, b) \in S_X$, 不妨设 $a + (\sqrt{2}-1)b = 1, \frac{\sqrt{2}}{2} \leqslant a \leqslant 1, 0 \leqslant b \leqslant \frac{\sqrt{2}}{2}$.

(1) 如果 $y = (c, d)$ 使得

$$c + (\sqrt{2} - 1)d = 1, \quad \frac{\sqrt{2}}{2} \leqslant c \leqslant 1, \quad 0 \leqslant d \leqslant \frac{\sqrt{2}}{2}.$$

则 $\|x - y\| \leqslant 2 - \sqrt{2} \leqslant \sqrt{2}.$

(2) 如果 $y = (c, d)$ 使得

$$d + (\sqrt{2} - 1)c = 1, \quad \frac{\sqrt{2}}{2} \leqslant d \leqslant 1, \quad 0 \leqslant c \leqslant \frac{\sqrt{2}}{2}.$$

则 $\|x - y\| \leqslant 1 + \sqrt{2} - 1 = \sqrt{2}.$

(3) 如果 $y = (c, d)$ 使得

$$d - (\sqrt{2} - 1)c = 1, \quad -\frac{\sqrt{2}}{2} \leqslant c \leqslant 0, \quad \frac{\sqrt{2}}{2} \leqslant d \leqslant 1.$$

则当 $2(\sqrt{2} - 1)c + 2 - 2a \leqslant 0$ 时有

$$\|x + y\| = \max\{b + d + (\sqrt{2} - 1)(a + c), a + c + (\sqrt{2} - 1)(b + d)\}$$
$$= \max\{2 + \sqrt{2} - 2a + 2(\sqrt{2} - 1)c, \sqrt{2} + (4 - 2\sqrt{2})c\} \leqslant \sqrt{2}.$$

当 $2(\sqrt{2} - 1)c + 2 - 2a \geqslant 0$ 时有

$$\|x - y\| = \max\{d - b + (\sqrt{2} - 1)(a - c), a - c + (\sqrt{2} - 1)(d - b)\}$$
$$= \max\{1 - b + (\sqrt{2} - 1)a, -2 + \sqrt{2} + 2a - 2(\sqrt{2} - 1)c\} \leqslant \sqrt{2}.$$

(4) 如果 $y = (c, d)$ 使得

$$-c + (\sqrt{2} - 1)d = 1, \quad -1 \leqslant c \leqslant -\frac{\sqrt{2}}{2}, \quad 0 \leqslant d \leqslant \frac{\sqrt{2}}{2}.$$

根据 $a + c$ 正负, 也可推出 $\|x + y\| \wedge \|x - y\| \leqslant \sqrt{2}$. 其次, 令 $x_2 = (-b, a)$, 则 $\|x_2 + x\| = \|x_2 - x\| = \sqrt{2}$. 故就证明了 $\sup\{\|y + x\| \bigwedge \|x - y\|, y \in S_X\} = \sqrt{2}$, 再由 x 的任意性得 $J(X) = \sqrt{2}$.

(vii) 由一致非方的定义可知存在 $\delta > 0$ 使得对任意 $x, y \in S_X$, 有 $\|x + y\| \wedge \|x - y\| \leqslant 2(1 - \delta)$. 故 $J(X) < 2$. 反之, 假设 X 不是一致非方的, 则对任意 $\varepsilon > 0$ 存在 $x, y \in S_X$, 使得 $\frac{\|x + y\|}{2} \geqslant 1 - \varepsilon$, 且 $\frac{\|x - y\|}{2} \geqslant 1 - \varepsilon$, 故 $J(X) \geqslant 2(1 - \varepsilon)$. 由 ε 的任意性可得 $J(X) \geqslant 2$, 矛盾. 第二部分证明见定理 1.1.9. (viii) 由定理 1.3.1 和

(i) 可知结论成立. 而 $X^* = l_\infty - l_2$, 在第 3 章中将证 $J(X^*) \leqslant 1 + \dfrac{1}{\sqrt{2}}$, 再通过取 $x = (1, -1), y = \left(\dfrac{\sqrt{2}}{2}, \dfrac{\sqrt{2}}{2} \right)$ 可得 $J(X^*) = 1 + \dfrac{1}{\sqrt{2}}$.

注记 2.1.1 前面提到的 $\mathbb{R}^2$ 赋予范数 $\|x\| = \max\{|x_1| + (\sqrt{2} - 1)|x_2|, |x_2| + (\sqrt{2} - 1)|x_1|\}$ 后所成的空间, 其对偶空间的范数为

$$\|(a, b)\| = \max \left\{ |a|, |b|, \frac{|a + b|}{\sqrt{2}}, \frac{|a - b|}{\sqrt{2}} \right\}.$$

对偶空间的单位球也是一个八边形, 它与原空间是等距的.

由 (i) 可知, 当空间的凸性模求出时, 很容易求出该空间的 James 常数. 然而, 对有些空间其凸性模是不易求出的, 但是仍能求出 James 常数. 下面给出一个这方面的一个例子.

例 2.1.1([80]) 设 X 是 $l_3 - l_1$ 空间, 则它的 James 常数是下列方程的唯一解:

$$\left(2\varepsilon + \sqrt{\frac{4\varepsilon^3 - 5}{3}} - 3 \right)^3 + \left(\sqrt{\frac{4\varepsilon^3 - 5}{3}} - 1 \right)^3 = 8. \tag{2.1.1}$$

要证明这一结果, 先给出如下引理.

为了方便起见, 用 $\varepsilon_0 = 1.5573\cdots$ 表示方程 (2.1.1) 的唯一解.

引理 2.1.2 设 $x_1 \geqslant 0, x_2 \geqslant 0$ 且 $x_1^3 + x_2^3 = 1$. 如果 $1 - x_2 + x_1 = \varepsilon > \varepsilon_0$, 则

$$2 + 3x_2 + 3x_2^2 \leqslant \varepsilon_0^3. \tag{2.1.2}$$

证明 假设 (2.1.2) 不成立, 则有 $\left(x_2 + \dfrac{1}{2} \right)^2 > \dfrac{4\varepsilon_0^3 - 5}{12}$, 从而蕴含 $x_2 > \dfrac{1}{2} \left(\sqrt{\dfrac{4\varepsilon_0^3 - 5}{3}} - 1 \right)$ 及 $x_1 = \varepsilon + x_2 - 1 > \dfrac{1}{2} \sqrt{\dfrac{4\varepsilon_0^3 - 5}{3}} + \varepsilon_0 - \dfrac{3}{2}$. 因此

$$x_1^3 + x_2^3 > \frac{1}{8} \left[\left(2\varepsilon_0 - 3 + \sqrt{\frac{4\varepsilon_0^3 - 5}{3}} \right)^3 + \left(\sqrt{\frac{4\varepsilon_0^3 - 5}{3}} - 1 \right)^3 \right] = 1,$$

故矛盾.

引理 2.1.3 设 $x_1, x_2, y_1, y_2 > 0$ 且 $x_1^3 + x_2^3 = 1, y_1^3 + y_2^3 = 1$. 如果

$$\frac{x_2 y_1 + x_1 y_2 + 2x_1 x_2}{x_2 y_1 + x_1 y_2 + 2y_1 y_2} = \frac{x_1^2 + x_2^2}{y_1^2 + y_2^2}, \tag{2.1.3}$$

则 $x_1 x_2 = y_1 y_2$.

证明 假设 $x_1 x_2 \neq y_1 y_2$. 不妨设 $x_1 x_2 > y_1 y_2$. 则 (2.1.3) 蕴含 $x_1^2 + x_2^2 > y_1^2 + y_2^2$, 进而 $x_1 + x_2 > y_1 + y_2$. 由 $x_1^3 + x_2^3 = 1, y_1^3 + y_2^3 = 1$, 又有 $x_1^2 + x_2^2 = x_1 x_2 + \dfrac{1}{x_1 + x_2}$ 及 $y_1^2 + y_2^2 = y_1 y_2 + \dfrac{1}{y_1 + y_2}$, 故 (2.1.3) 蕴含

$$\frac{2(x_1 x_2 - y_1 y_2)}{x_2 y_1 + x_1 y_2 + 2 y_1 y_2} = \frac{x_1 x_2 + \dfrac{1}{x_1 + x_2} - \left(y_1 y_2 + \dfrac{1}{y_1 + y_2} \right)}{y_1^2 + y_2^2} < \frac{x_1 x_2 - y_1 y_2}{y_1^2 + y_2^2}.$$

于是

$$2(y_1^2 + y_2^2) < x_2 y_1 + x_1 y_2 + 2 y_1 y_2, \tag{2.1.4}$$

进而又有

$$y_1^2 + y_2^2 < x_2 y_1 + x_1 y_2. \tag{2.1.5}$$

另一方面, (2.1.3) 和 (2.1.4) 蕴含

$$\frac{x_1^2 + x_2^2}{y_1^2 + y_2^2} < \frac{x_2 y_1 + x_1 y_2 + 2 x_1 x_2}{2(y_1^2 + y_2^2)}.$$

于是得

$$2(x_1^2 + x_2^2) < x_2 y_1 + x_1 y_2 + 2 x_1 x_2,$$

及

$$x_1^2 + x_2^2 < x_2 y_1 + x_1 y_2, \tag{2.1.6}$$

从而, (2.1.5) 和 (2.1.6) 蕴含 $x_1^2 + x_2^2 + y_1^2 + y_2^2 < 2(x_1 y_2 + x_2 y_1)$, 此与 $(x_1 - y_2)^2 + (x_2 - y_1)^2 \geqslant 0$ 矛盾.

引理 2.1.4 设 $\sqrt[3]{2} < \varepsilon < 2$, $x_0 \in \left(\dfrac{1}{\sqrt[3]{2}}, 1 \right)$ 使得 $x_0 - \sqrt[3]{1 - x_0^3} = \varepsilon - 1$. 如果 $y_1 = y_1(x_1)$ 是由下列方程确定的隐函数

$$x_1 - \sqrt[3]{1 - x_1^3} + \sqrt[3]{1 - y_1^3} - y_1 = \varepsilon, \quad (x_1, y_1) \in [x_0, 1] \times \left[0, \sqrt[3]{1 - x_0^3} \right],$$

且 $f(x_1) = 2 + 3 x_1^2 y_1 + 3 x_1 y_1^2 + 3 x_2^2 y_2 + 3 x_2 y_2^2$, 则

$$f(x_1) \leqslant \max \left\{ 2 + 3 \sqrt[3]{1 - x_0^3} + 3 \left(\sqrt[3]{1 - x_0^3} \right)^2, 2 \alpha^3 \right\},$$

其中 $x_2 = \sqrt[3]{1 - x_1^3}, y_2 = \sqrt[3]{1 - y_1^3}$ 且 α 是方程 $2 \alpha^3 + \dfrac{3}{2} \alpha \varepsilon^2 = 8$ 的唯一解.

证明 显见 $f(x_0) = f(1) = 2 + 3\sqrt[3]{1-x_0^3} + 3(\sqrt[3]{1-x_0^3})^2$. 如果 $f'(x_1) = 0$ 对某 $x_1 \in (x_0, 1)$ 成立, 则由

$$\frac{dx_2}{dx_1} = -x_1^2 x_2^{-2}, \quad \frac{dy_1}{dx_1} = \frac{1 + x_1^2 x_2^{-2}}{1 + y_1^2 y_2^{-2}}$$

及

$$\frac{dy_2}{dx_1} = \frac{dy_2}{dy_1}\frac{dy_1}{dx_1} = -y_1^2 \frac{1 + x_1^2 x_2^{-2}}{y_1^2 + y_2^2},$$

有

$$6x_1 y_1 + 3y_1^2 - 6x_1^2 x_2^{-1} y_2 - 3x_1^2 x_2^{-2} y_2^2 + (3x_1^2 + 6x_1 y_1)\frac{1 + x_1^2 x_2^{-2}}{1 + y_1^2 y_2^{-2}}$$

$$- y_1^2 (3x_2^2 + 6x_2 y_2)\frac{1 + x_1^2 x_2^{-2}}{y_1^2 + y_2^2} = 0,$$

即

$$(x_2 y_1 - x_1 y_2)\frac{x_2 y_1 + x_1 y_2 + 2x_1 x_2}{x_2 y_1 + x_1 y_2 + 2y_1 y_2} = (x_2 y_1 - x_1 y_2)\frac{x_1^2 + x_2^2}{y_1^2 + y_2^2}.$$

如果 $x_2 y_1 - x_1 y_2 = 0$, 则有 $x_1 = y_1, x_2 = y_2$, 从而 $\varepsilon = 0$, 矛盾. 故 (2.1.3) 成立.

现在 $x_1 x_2 = y_1 y_2$ 和 (2.1.3) 蕴含 $x_1 + x_2 = y_1 + y_2$ 及 $x_1 - x_2 = y_2 - y_1 = \frac{\varepsilon}{2}$. 令 $\alpha = x_1 + x_2 = y_1 + y_2$, 则有

$$8 = (2x_1)^3 + (2x_2)^3 = \left(\alpha + \frac{\varepsilon}{2}\right)^3 + \left(\alpha - \frac{\varepsilon}{2}\right)^3 = 2\alpha^3 + \frac{3}{2}\alpha\varepsilon^2,$$

及 $f(x_1) = (x_1 + x_2)^3 + (y_1 + y_2)^3 = 2\alpha^3$.

例 2.1.1 的证明 首先, 证明

$$\min\{\|x + y\|, \|x - y\|\} \leqslant \varepsilon_0, \tag{2.1.7}$$

对一切 $x, y \in S(l_3 - l_1)$ 成立.

情形 (I) 设 $x = (x_1, x_2), y = (y_1, y_2)$, 其中 $x_1, x_2, y_1, y_2 \geqslant 0$ 使得 $x_1^3 + x_2^3 = y_1^3 + y_2^3 = 1$.

不妨设 $x_1 \geqslant y_1$ 且 $y_2 \geqslant x_2$. 令 $\|x - y\| = x_1 - x_2 + y_2 - y_1 = \varepsilon > \varepsilon_0$ 及 $\varepsilon < 2$(如果 $\varepsilon = 2$, 则 $\|x + y\| = \sqrt[3]{2} < \varepsilon_0$), 由引理 2.1.4 可得

$$\|x + y\|^3 \leqslant \max\left\{2 + 3\sqrt[3]{1 - x_0^3} + 3\left(\sqrt[3]{1 - x_0^3}\right)^2, 2\alpha^3\right\},$$

其中 α 是方程 $2\alpha^3 + \frac{3}{2}\alpha\varepsilon^2 = 8$ 的唯一解, x_0 是满足 $1 + x_0 - \sqrt[3]{1 - x_0^3} = \varepsilon$ 的数. 应

用引理 2.1.2, 有 $2 + 3\sqrt[3]{1-x_0^3} + 3(\sqrt[3]{1-x_0^3})^2 \leqslant \varepsilon_0^3$. 其次证明 $2\alpha^3 \leqslant \varepsilon_0^3$. 事实上, 如果 $2\alpha^3 > \varepsilon_0^3$, 则

$$2\alpha^3 + \frac{3}{2}\alpha\varepsilon^2 > \frac{8 + 6\sqrt[3]{4}}{8}\varepsilon_0^3 > 8,$$

矛盾.

情形 (II) 设 $x = (x_1, x_2), y = (t-1, t)$, 其中 $t \in [0, 1]$ 且 $x_1, x_2 \geqslant 0$ 使得 $x_1^3 + x_2^3 = 1$. 则此时有四种情形.

(II a) 如果 $x_2 \leqslant t, x_1 + t \leqslant 1$, 则 $\|x - y\| = 1 - x_2 + x_1$ 且 $\|x + y\| = 1 - x_1 + x_2$. 故, $\min\{\|x + y\|, \|x - y\|\} \leqslant 1 < \varepsilon_0$.

(II b) 如果 $x_2 \leqslant t$ 及 $x_1 + t > 1$, 则 $\|x - y\| = 1 - x_2 + x_1$ 且

$$\|x + y\| = \sqrt[3]{(x_1 + t - 1)^3 + (x_2 + t)^3} \leqslant \sqrt[3]{x_1^3 + (1 + x_2)^3} = \sqrt[3]{2 + 3x_2^2 + 3x_2}.$$

故由引理 2.1.2 得 $\min\{\|x + y\|, \|x - y\|\} \leqslant \varepsilon_0$.

(II c) 如果 $x_2 > t \geqslant 0$ 且 $x_1 + t \leqslant 1$, 则 $\|x + y\| = 1 + x_2 - x_1$ 且 $\|x - y\| = \sqrt[3]{(x_1 + 1 - t)^3 + (x_2 - t)^3} \leqslant \sqrt[3]{x_2^3 + (1 + x_1)^3} = \sqrt[3]{2 + 3x_1^2 + 3x_1}$. 因此仍由引理 2.1.2 得 $\min\{\|x + y\|, \|x - y\|\} \leqslant \varepsilon_0$.

(II d) 设 $x_2 > t \geqslant 0$ 且 $x_1 + t > 1$, 则 $\|x \pm y\| = \|x \pm y\|_3$. 如果 $\|x - y\|^3 = (x_2 - t)^3 + (x_1 - t + 1)^3 > \varepsilon_0^3$, 则 $x_1 - t > \sqrt[3]{\varepsilon_0^3 - 1} - 1 > 0.4$. 故有 $1 - x_1 < t < x_1 - 0.4$, 进而 $x_1 > 0.7, x_2^3 < 1 - 0.7^3$. 故, $\varepsilon_0^3 < (x_1 - t + 1)^3 + (x_2 - t)^3 < (x_1 - t + 1)^3 + 1 - 0.7^3$. 从而又有 $x_1 - t > \sqrt[3]{\varepsilon_0^3 - 1 + 0.7^3} - 1 > 0.46$, 及 $t < x_1 - 0.46$. 且有

$$\|x + y\| \leqslant x_2 + x_1 + 2t - 1 < 3x_1 + x_2 - 1.92 \leqslant (x_1^3 + x_2^3)^{\frac{1}{3}}(3^{\frac{3}{2}} + 1)^{\frac{2}{3}} - 1.92 < 1.46 < \varepsilon_0.$$

因此 $\min\{\|x + y\|, \|x - y\|\} \leqslant \varepsilon_0$.

情形 (III) 设 $x = (s-1, s), y = (t-1, t)$, 其中 $s, t \in [0, 1]$.

因为 $\|x - y\| = |s - t|\sqrt[3]{2}$, 且 $\|x + y\| = 2$, 有 $\min\{\|x + y\|, \|x - y\|\} \leqslant \sqrt[3]{2} < \varepsilon_0$.

由对称性, 可知 (2.1.7) 成立. 令 $x = \left(\varepsilon_0 - \dfrac{3}{2} + \sqrt{\dfrac{4\varepsilon_0^3 - 5}{12}}, \sqrt{\dfrac{4\varepsilon_0^3 - 5}{12}} - \dfrac{1}{2}\right)$ 及 $y = (0, 1)$, 又有 $\|x - y\| = \|x + y\| = \varepsilon_0$. 故, $J(l_3 - l_1) = \varepsilon_0$.

定义 2.1.2　Banach 空间 X 的 von Neumann-Jordan 常数是由 Clarkson 在 [14] 中定义的, 即为使下面不等式成立的最小常数 C,

$$\frac{1}{C} \leqslant \frac{\|x + y\|^2 + \|x - y\|^2}{2(\|x\|^2 + \|y\|^2)} \leqslant C,$$

其中 $x, y \in X$ 且 $(x, y) \neq (0, 0)$.

[42] 中给出一个等价的定义为

$$C_{\mathrm{NJ}}(X) = \sup \left\{ \frac{\|x + y\|^2 + \|x - y\|^2}{2(\|x\|^2 + \|y\|^2)} : x \in S_X, y \in B_X \right\}.$$

最近, J. Alonso 等 [1] 又定义了如下常数

$$C'_{\mathrm{NJ}}(X) = \sup \left\{ \frac{\|x + y\|^2 + \|x - y\|^2}{4} : x, y \in S_X \right\}.$$

为了给出这些常数的性质先看下列引理.

引理 2.1.5([74])   设 X 为 Banach 空间 J 为 X 的 James 常数. 则对任意的 $x, y \in S_X$ 有 $\|x + y\| + \|x - y\| \leqslant J + \sqrt{4J - J^2}$.

证明   不妨设 $J < 2$. 如果 $\max\{\|x + y\|, \|x - y\|\} \leqslant J$, 则 $\|x + y\| + \|x - y\| \leqslant 2J \leqslant J + \sqrt{4J - J^2}$. 故也可设 $\varepsilon := \|x - y\| \geqslant J$.

(1) 若 $J \leqslant \varepsilon \leqslant \sqrt{4J - J^2}$, 因 $J = 2(1 - \delta_X(J))$, 故

$$
\begin{aligned}
\|x + y\| + \|x - y\| &\leqslant \varepsilon + 2 - 2\delta_X(\varepsilon) \\
&\leqslant \sqrt{4J - J^2} + 2 - 2\delta_X(J) \\
&= J + \sqrt{4J - J^2}.
\end{aligned}
$$

(2) 若 $\sqrt{4J - J^2} \leqslant \varepsilon \leqslant 2$, 由

$$\frac{2 - J}{2J} = \frac{\delta_X(J)}{J} \leqslant \frac{\delta_X(\sqrt{4J - J^2})}{\sqrt{4J - J^2}},$$

故

$$
\begin{aligned}
\|x + y\| + \|x - y\| &\leqslant \varepsilon + 2 - 2\delta_X(\sqrt{4J - J^2}) \\
&\leqslant 4 - \frac{2 - J}{J}\sqrt{4J - J^2} \\
&= \sqrt{4J - J^2} + 4 - \frac{2}{J}\sqrt{4J - J^2} \\
&\leqslant J + \sqrt{4J - J^2}.
\end{aligned}
$$

引理 2.1.6([74])   设 X 为 Banach 空间且 J 为 X 的 James 常数. 则对任意 $x, y \in X$, 只要 $\|x\|^2 + \|y\|^2 = 2$ 就有 $\|x + y\|^2 + \|x - y\|^2 \leqslant 4 + J^2$.

证明   由 $\|x \pm y\|^2 \leqslant (\|x\| + \|y\|)^2 \leqslant 2(\|x\|^2 + \|y\|^2) = 4$, 故不妨设 $J \leqslant \|x - y\| \leqslant \|x + y\|$. 也可设 $\|y\| \leqslant 1 \leqslant \|x\|$.

现证

$$\|x + y\| + \|x - y\| \leqslant 2 + J. \tag{2.1.8}$$

因

$$x \pm y = \frac{x}{\|x\|}(\|x\| - \|y\|) + \|y\| \left(\frac{x}{\|x\|} \pm \frac{y}{\|y\|} \right),$$

应用引理 2.1.5, 得

$$
\begin{aligned}
\|x + y\| + \|x - y\| &\leqslant 2(\|x\| - \|y\|) + \|y\| \left(\left\| \frac{x}{\|x\|} + \frac{y}{\|y\|} \right\| + \left\| \frac{x}{\|x\|} - \frac{y}{\|y\|} \right\| \right) \\
&\leqslant 2(\|x\| - \|y\|) + \|y\|(J + \sqrt{4J - J^2}) \\
&= 2\|x\| + \|y\|(J + \sqrt{4J - J^2} - 2) \\
&\leqslant \sqrt{\|x\|^2 + \|y\|^2} \sqrt{4 + [J + \sqrt{4J - J^2} - 2]^2} \\
&= 2\sqrt{4 + (J - 2)\sqrt{4J - J^2}} \\
&\leqslant 2 + J,
\end{aligned}
$$

其中最后不等式由 $4(J - 2)\sqrt{4J - J^2} \leqslant 4J + J^2 - 12$ 等价于

$$17J^2 + 36 - 52J = (J - 2)(17J - 18) \leqslant 0.$$

因为 $J \leqslant \|x - y\| \leqslant \|x + y\| \leqslant 2$, 故 $0 \leqslant \|x + y\| - \|x - y\| \leqslant 2 - J$, 从而 (2.1.8) 蕴含

$$
\begin{aligned}
\|x + y\|^2 + \|x - y\|^2 &= \frac{1}{2}\{(\|x + y\| + \|x - y\|)^2 + (\|x + y\| - \|x - y\|)^2\} \\
&\leqslant \frac{1}{2}\{(2 + J)^2 + (2 - J)^2\} = 4 + J^2.
\end{aligned}
$$

这些常数有如下性质见 [1], [2], [41], [42] 和 [82].

定理 2.1.2　对非平凡的 Banach 空间 X, 有

(i) $1 \leqslant C_{\mathrm{NJ}}(X) \leqslant 2$; X 是 Hilbert 空间当且仅当 $C_{\mathrm{NJ}}(X) = 1$;

(ii) X 是一致非方空间当且仅当 $C_{\mathrm{NJ}}(X) < 2$.

(iii) $C_{\mathrm{NJ}}(X) = \sup \left\{ \dfrac{\gamma_X(t)}{1 + t^2} : 0 \leqslant t \leqslant 1 \right\}$, 其中 $\gamma_X(t) : [0, 1] \to [1, 4]$ 由下式定义

$$
\begin{aligned}
\gamma_X(t) &= \sup \left\{ \frac{\|x + y\|^2 + \|x - y\|^2}{2} : x \in S_X, y \in t S_X \right\} \\
&= \sup \left\{ \frac{\|x + ty\|^2 + \|x - ty\|^2}{2} : x \in S_X, y \in S_X \right\}.
\end{aligned}
$$

(iv) 对任何非平凡的 Banach 空间 X, 有

$$\frac{J(X)^2}{2} \leqslant C_{\mathrm{NJ}}(X) \leqslant 1 + \frac{J(X)^2}{4}. \tag{2.1.9}$$

(v) 对任何非平凡的 Banach 空间 X, 有

$$C_{\mathrm{NJ}}(X) \leqslant 2\left[1 + C'_{\mathrm{NJ}}(X) - \sqrt{2C'_{\mathrm{NJ}}(X)}\right]. \tag{2.1.10}$$

(vi) 若 $1 \leqslant p \leqslant \infty$ 且 $X = l_p$ 或 $L_p(\mu)$, 如果 $\dim X \geqslant 2$, 则

$$C_{\mathrm{NJ}}(X) = \max\{2^{\frac{2}{p}-1}, 2^{1-\frac{2}{p}}\}.$$

(vii) $C_{\mathrm{NJ}}(X) = C_{\mathrm{NJ}}(X^*)$.

证明 (i),(iii) 显然. (ii) 可由 (iv) 得出.

(iv) 对任意 $t \in [0,1]$ 及 $x, y \in S_X$, 令 $u = \dfrac{\sqrt{2}x}{\sqrt{1+t^2}}, v = \dfrac{\sqrt{2}ty}{\sqrt{1+t^2}}$, 则 $\|u\|^2 + \|v\|^2 = 2$, 由引理 2.1.6 得, $\|u+v\|^2 + \|u-v\|^2 \leqslant 4 + J(X)^2$, 即

$$\|x+ty\|^2 + \|x-ty\|^2 \leqslant \left(2 + \frac{J(X)^2}{2}\right)(1+t^2). \tag{2.1.11}$$

故 $\gamma_X(t) \leqslant \left(1 + \dfrac{J(X)^2}{4}\right)(1+t^2)$. 因此 $C_{\mathrm{NJ}}(X) \leqslant 1 + \dfrac{J(X)^2}{4}$.

(v) 不失一般性可设 $0 \leqslant \|y\| \leqslant \|x\| = 1$. 先考虑 $0 < \|y\| \leqslant \|x\| = 1$. 因为

$$\left\| x \pm \frac{y}{\|y\|} \right\| = \left\| \frac{x}{\|y\|} \pm \frac{y}{\|y\|} + x - \frac{x}{\|y\|} \right\| \geqslant \left| \frac{\|x \pm y\| + \|y\| - 1}{\|y\|} \right|,$$

故

$$C'_{\mathrm{NJ}}(X) \geqslant \frac{[\|x+y\| + \|y\| - 1]^2 + [\|x-y\| + \|y\| - 1]^2}{4\|y\|^2}.$$

利用 $\|x+y\| + \|x-y\| \leqslant \sqrt{2}\sqrt{\|x+y\|^2 + \|x-y\|^2}$, 可得

$$4\|y\|^2 C'_{\mathrm{NJ}}(X) \geqslant [\sqrt{\|x+y\|^2 + \|x-y\|^2} + \sqrt{2}(\|y\|-1)]^2.$$

因此

$$\frac{\|y\|\sqrt{2C'_{\mathrm{NJ}}(X)} + 1 - \|y\|}{\sqrt{1+\|y\|^2}} \geqslant \sqrt{\frac{\|x+y\|^2 + \|x-y\|^2}{2(1+\|y\|^2)}}.$$

由于函数 $f(t) = \dfrac{t\sqrt{2C'_{\mathrm{NJ}}(X)} + 1 - t}{\sqrt{1+t^2}}$, 在 $[0,1]$ 上的最大值于点 $t_0 = \sqrt{2C'_{\mathrm{NJ}}(X)} - 1$ 处达到, 故得

$$\sqrt{2\left[1 + C'_{\mathrm{NJ}}(X) - \sqrt{2C'_{\mathrm{NJ}}(X)}\right]} \geqslant f(\|y\|) \geqslant \sqrt{\frac{\|x+y\|^2 + \|x-y\|^2}{2(1+\|y\|^2)}}.$$

上述不等式对 $\|y\| = 0$ 亦成立, 两边取上确界得 (2.1.10).

(vi) 不妨设 X 是 l_p 空间则

$$\gamma_p(t) = \begin{cases} \left(\dfrac{(1+t)^p + (1-t)^p}{2} \right)^{2/p}, & 2 \leqslant p < \infty, \\ (1+t)^2, & p = \infty. \end{cases} \tag{2.1.12}$$

事实上, 由 Clarkson 不等式当 $p \geqslant 2$ 时,

$$\|x+y\|^p + \|x-y\|^p \leqslant (\|x\| + \|y\|)^p + \Big| \|x\| - \|y\| \Big|^p, \quad x, y \in l_p.$$

则对任何 $x \in S_X, y \in tS_X$ 有

$$\begin{aligned} \|x+y\|^2 + \|x-y\|^2 &\leqslant 2^{1-2/p}(\|x+y\|^p + \|x-y\|^p)^{2/p} \\ &\leqslant 2^{1-2/p}((1+t)^p + (1-t)^p)^{2/p} \\ &= 2 \left(\frac{(1+t)^p + (1-t)^p}{2} \right)^{2/p}. \end{aligned}$$

令 $x = (1/2^{1/p}, 1/2^{1/p}, 0, \cdots)$, $y = (t/2^{1/p}, -t/2^{1/p}, 0, \cdots)$, 则

$$\|x+y\|_p^2 + \|x-y\|_p^2 = 2 \left(\frac{(1+t)^p + (1-t)^p}{2} \right)^{2/p}.$$

从而得 (2.1.12) 的第一个等式.

对 l_∞ 令 $x = (1, 1, 0, \cdots), y = (t, -t, 0, \cdots)$, 则得 (2.1.12) 的第二个等式.

若 $p \geqslant 2$, 并注意到

$$\begin{aligned} f(t) :&= \frac{((1+t)^p + (1-t)^p)^{2/p}}{2^{2/p}(1+t^2)} \\ &\leqslant \frac{(1+t)^2 + (1-t)^2}{2^{2/p}(1+t^2)} \\ &= 2^{1-2/p} = 2^{2/q-1}. \end{aligned}$$

由于 $f(1) = 2^{2/q-1}$, 故 $C_{\mathrm{NJ}}(l_p) = 2^{2/q-1}$.

若 $1 \leqslant p \leqslant 2$, $C_{\mathrm{NJ}}(l_p) = C_{\mathrm{NJ}}(l_q) = 2^{2/p-1}$.

(vii) 令 $A : l_2(X) \to l_2(X)$, 且使得 $(x, y) \mapsto (x+y, x-y)$. 可得 $2C_{\mathrm{NJ}}(X) = \|A\|^2$. 利用伴随算子为 $A^* : l_2(X^*) \to l_2(X^*)$, 且使得 $(x^*, y^*) \mapsto (x^* + y^*, x^* - y^*)$, 及 $\|A\| = \|A^*\|$, 可知结论成立.

2.2 James 常数与 von Neumann-Jordan 常数的关系

在 2.1 节中我们所得的不等式: $C_{\mathrm{NJ}}(X) \leqslant 1 + J(X)^2/4$ 曾是 L. Maligranda 在 [51] 中提出的一个猜测. J. Alonso 等在 [2] 中给出了一个证明, 我们在文献 [78] 中给出一个较简单的证明. 2009 年王丰辉和庞碧君在 [71] 中提出了如下该不等式的改进形式:

$$C_{\mathrm{NJ}}(X) \leqslant J(X) + \sqrt{J(X) - 1} \left\{ \sqrt{1 + (1 - \sqrt{J(X) - 1})^2} - 1 \right\}.$$

该改进形式仍弱于 J. Alonso 的猜测即 $C_{\mathrm{NJ}}(X) \leqslant J(X)$. 为了证明这一猜测, 考虑 Baronti 引入的常数 (见 [9])

$$A_2(X) = \sup \left\{ \frac{\|x + y\| + \|x - y\|}{2} : x, y \in S_X \right\}.$$

下面先证明 $A_2(X) \leqslant \dfrac{3J(X)}{2} - \dfrac{J(X)^2}{4}$.

定理 2.2.1 对任意 Banach 空间 X 成立:

$$2A_2(X) \leqslant 3J(X) - \frac{J(X)^2}{2}. \tag{2.2.1}$$

证明 为了简便起见, 用 J 表示 $J(X)$, 不妨设 $J < 2$. 如果 $\max\{\|x + y\|, \|x - y\|\} \leqslant J$, 则 $\|x + y\| + \|x - y\| \leqslant 2J \leqslant 3J - \dfrac{J^2}{2}$. 故不妨设 $\varepsilon := \|x - y\| \geqslant J$, 否则, 可令 $\varepsilon := \|x + y\| \geqslant J$.

(1) 若 $J \leqslant \varepsilon \leqslant 2J - \dfrac{J^2}{2}$. 由于 $J = 2(1 - \delta_X(J))$, 故

$$\begin{aligned}
\|x + y\| + \|x - y\| &\leqslant \varepsilon + 2 - 2\delta_X(\varepsilon) \\
&\leqslant 2J - \frac{J^2}{2} + 2 - 2\delta_X(J) \\
&= 3J - \frac{J^2}{2}.
\end{aligned}$$

(2) 如果 $2J - \dfrac{J^2}{2} \leqslant \varepsilon \leqslant 2$, 由 $\dfrac{2 - J}{2J} = \dfrac{\delta_X(J)}{J} \leqslant \dfrac{\delta_X \left(2J - \dfrac{J^2}{2} \right)}{2J - \dfrac{J^2}{2}}$, 有

$$\|x+y\| + \|x-y\| \leqslant \varepsilon + 2 - 2\delta_X\left(2J - \frac{J^2}{2}\right)$$

$$\leqslant 4 - \frac{2-J}{J}\left[2J - \frac{J^2}{2}\right]$$

$$= 3J - \frac{J^2}{2}.$$

因此 (2.2.1) 成立.

推论 2.2.1 对任何非平凡的 Banach 空间 X 有

$$|J(X^*) - J(X)| \leqslant \max\left\{\frac{2J(X) - J(X)^2}{4}, \frac{2J(X^*) - J(X^*)^2}{4}\right\} \leqslant \frac{\sqrt{2} - 1}{2}.$$

证明 注意 $A_2(X) = A_2(X^*)^{[8]}$. 因为对任意 Banach 空间 X 有, $J(X) \leqslant A_2(X)$, 故由定理 2.2.1 得

$$J(X^*) - J(X) \leqslant A_2(X^*) - J(X) = A_2(X) - J(X) \leqslant \frac{J(X)}{2} - \frac{J(X)^2}{4},$$

且类似地可考虑 $J(X) - J(X^*)$.

为证明 $C_{\mathrm{NJ}}(X) \leqslant J(X)$, 先考虑如下引理.

引理 2.2.1 设 X 为 Banach 空间, 则对任意 $x, y \in S_X$ 有

$$\|x+y\|^2 + \|x-y\|^2 \leqslant 2J(X) + 4\sqrt{J(X) - 1}. \tag{2.2.2}$$

证明 令 $J = J(X)$. 不妨设 $J < 2$. 若 $\max\{\|x+y\|, \|x-y\|\} \leqslant 1 + \sqrt{J-1}$, 则 $\|x+y\|^2 + \|x-y\|^2 \leqslant 2J + 4\sqrt{J-1}$. 另一方面, 可设 $\varepsilon := \|x-y\| \geqslant 1 + \sqrt{J-1}$. 由于 $\frac{2-J}{2J} = \frac{\delta_X(J)}{J} \leqslant \frac{\delta_X(\varepsilon)}{\varepsilon}$, 故

$$\|x+y\|^2 + \|x-y\|^2 \leqslant \varepsilon^2 + [2 - 2\delta_X(\varepsilon)]^2 \leqslant \varepsilon^2 + \left[2 - \frac{2-J}{J}\varepsilon\right]^2.$$

令 $h(t) = t^2 + \left[2 - \frac{2-J}{J}t\right]^2$. 易见 $h(t)$ 在 $t \geqslant \frac{J(2-J)}{J^2 - 2J + 2}$ 递增, 且

$$\frac{J(2-J)}{J^2 - 2J + 2} \leqslant 1 + \sqrt{J-1} \leqslant \varepsilon \leqslant 2,$$

从而

$$\|x+y\|^2 + \|x-y\|^2 \leqslant h(\varepsilon) \leqslant h(2).$$

为证 (2.2.2) 只需证明 $h(2) \leqslant 2J + 4\sqrt{J-1}$. 由于 $h(2) - 2J - 4\sqrt{J-1} =$

$-\dfrac{2f(J)}{J^2}$, 其中 $f(J) = -8 + 16J + 2(\sqrt{J-1} - 5)J^2 + J^3$. 为证 $f(J) \geqslant 0$, 令 $\alpha = \sqrt{J-1}$. 则 $f(J) = (\alpha^4 + 4\alpha^3 - 1)(\alpha - 1)^2$, 且 $\sqrt{\sqrt{2} - 1} \leqslant \alpha \leqslant 1$. 最后, 因 $g(\alpha) = \alpha^4 + 4\alpha^3 - 1$ 在 $\sqrt{\sqrt{2} - 1} \leqslant \alpha \leqslant 1$ 上递增, 故 $g(\alpha) \geqslant g(\sqrt{\sqrt{2} - 1}) = 2 - 2\sqrt{2} + 4(\sqrt{2} - 1)^{3/2} > 0$.

定理 2.2.2([64, 78])　对任何非平凡的 Banach 空间 X 有

$$C_{\mathrm{NJ}}(X) \leqslant J(X). \tag{2.2.3}$$

证明　由引理 2.2.1, 有

$$C'_{\mathrm{NJ}}(X) \leqslant \frac{J(X)}{2} + \sqrt{J(X) - 1}. \tag{2.2.4}$$

由 (2.1.10) 可知 $C_{\mathrm{NJ}}(X) \leqslant 2(1 + C'_{\mathrm{NJ}}(X) - \sqrt{2C'_{\mathrm{NJ}}(X)})$. 函数 $g(t) := 2(1 + t - \sqrt{2t})$ 在 $[1, 2]$ 上递增, 故 (2.2.3) 由 (2.2.4) 得出.

作为该结果的进一步加细, 王丰辉证明了如下结果.

定理 2.2.3([70])　对任何非平凡的 Banach 空间 X 有

$$C_{\mathrm{NJ}}(X) \leqslant 1 + \frac{2(J(X) - 1)}{\sqrt{J^2(X) + (2 - J(X))^2} + 2 - J(X)} \leqslant J(X). \tag{2.2.5}$$

由此可得, $C_{\mathrm{NJ}}(X) = J(X)$ 当且仅当 X 不是一致非方空间.

下面先证两个引理.

引理 2.2.2　对任意 Banach 空间 X 成立

$$A_2(X) \leqslant \frac{3J(X) - 2}{J(X)}. \tag{2.2.6}$$

证明　为了简便起见, 用 J 表示 $J(X)$, 不妨设 $J < 2$. 对任意的 $x, y \in S_X$, 如果 $\max\{\|x + y\|, \|x - y\|\} \leqslant J$, 则 $\|x + y\| + \|x - y\| \leqslant 2J \leqslant \dfrac{6J - 4}{J}$. 故不妨设 $\varepsilon := \|x - y\| \geqslant J$, 否则可令 $\varepsilon := \|x + y\| \geqslant J$. 由于 $J = 2(1 - \delta_X(J))$, 故

$$\|x + y\| + \|x - y\| \leqslant \varepsilon + 2 - 2\delta_X(\varepsilon)$$

$$\leqslant \varepsilon + \left[2 - \left(\frac{2}{J} - 1\right)\varepsilon\right]$$

$$\leqslant \max_{J \leqslant \varepsilon \leqslant 2}\left(2 - \frac{2}{J}\right)\varepsilon + 2$$

$$= 6 - \frac{4}{J}.$$

因此 (2.2.6) 成立.

引理 2.2.3   设 X 为 Banach 空间. 则对任意 $x, y \in S_X$ 有

$$\|x+y\|^2 + \|x-y\|^2 \leqslant 4 + 16\frac{(J(X)-1)^2}{J(X)^2}. \tag{2.2.7}$$

证明   令 $J = J(X)$. 不妨设 $J < 2$. 若 $\max\{\|x+y\|, \|x-y\|\} \leqslant J$, 则 $\|x+y\|^2 + \|x-y\|^2 \leqslant 2J^2$. 注意到

$$J^2 \leqslant \frac{8J(J-1)}{J^2} \leqslant \frac{2[J^2 + 4(J-1)^2]}{J^2},$$

故 $\|x+y\|^2 + \|x-y\|^2 \leqslant 4 + 16\dfrac{(J-1)^2}{J^2}$.

不妨设 $\varepsilon := \|x-y\| \geqslant J$. 由 $\dfrac{\delta_X(\varepsilon)}{\varepsilon}$ 的单调性可知

$$\|x+y\|^2 + \|x-y\|^2 \leqslant \varepsilon^2 + [2 - 2\delta_X(\varepsilon)]^2 \leqslant \varepsilon^2 + \left[2 - \frac{2-J}{J}\varepsilon\right]^2.$$

令 $h(t) = t^2 + \left[2 - \dfrac{2-J}{J}t\right]^2$. 易见 $h(t)$ 在 $J \leqslant t \leqslant 2$ 递增, 从而

$$\|x+y\|^2 + \|x-y\|^2 \leqslant h(\varepsilon) \leqslant 4 + 16\frac{(J-1)^2}{J^2}.$$

定理 2.2.3 的证明   令 $E_2(X) = \sup\{\|x+y\|^2 + \|x-y\|^2 : x, y \in S_X\}$. 现对任意 $x, y \in S_X$ 及 $0 \leqslant t \leqslant 1$ 有

$$\|x \pm ty\| \leqslant t\|x \pm y\| + (1-t).$$

故利用引理 2.2.2 和引理 2.2.3 有

$$\begin{aligned}
\frac{\|x+ty\|^2 + \|x-ty\|^2}{2(1+t^2)} &\leqslant \frac{E_2(X)t^2 + 4A_2(X)t(1-t) + 2(1-t)^2}{2(1+t^2)} \\
&\leqslant 1 + 2\left(2 - \frac{2}{J}\right)\frac{\left(1 - \dfrac{2}{J}\right)t^2 + t}{1+t^2} \\
&\leqslant 1 + \frac{2(J-1)}{\sqrt{J^2 + (2-J)^2} + 2 - J}.
\end{aligned}$$

另外, 利用引理 2.2.2, 还可得如下结果.

定理 2.2.4   对任意 Banach 空间 X 有

(1) $A_2(X) - J(X) \leqslant (\sqrt{2} - 1)^2$;

(2) $\dfrac{2}{3 - J(X)} \leqslant J(X^*) \leqslant \dfrac{3J(X) - 2}{J(X)}$;

(3) $|J(X^*) - J(X)| \leqslant (\sqrt{2} - 1)^2$.

证明 (1) 根据引理 2.2.2 有

$$A_2(X) - J(X) \leqslant \frac{-J^2(X) + 3J(X) - 2}{J(X)}$$

$$\leqslant \max_{\sqrt{2} \leqslant t \leqslant 2} \frac{-t^2 + 3t - 2}{t} = (\sqrt{2} - 1)^2.$$

(2) 根据引理 2.2.2 有

$$\frac{2}{3 - J(X)} \leqslant \frac{2}{3 - A_2(X)} = \frac{2}{3 - A_2(X^*)}$$

$$\leqslant J(X^*) \leqslant A_2(X^*)$$

$$= A_2(X) \leqslant \frac{3J(X) - 2}{J(X)}.$$

(3) 事实上, 我们有

$$J(X) - J(X^*) \leqslant J(X) - \max\left\{\sqrt{2}, \frac{2}{3 - J(X)}\right\}$$

$$= \min\left\{J(X) - \sqrt{2}, \frac{-J^2(X) + 3J(X) - 2}{3 - J(X)}\right\}$$

$$\leqslant \max_{\sqrt{2} \leqslant t \leqslant 2} \min\left\{t - \sqrt{2}, \frac{-t^2 + 3t - 2}{3 - t}\right\}$$

$$= (\sqrt{2} - 1)^2,$$

及

$$J(X^*) - J(X) \leqslant \frac{-J^2(X) + 3J(X) - 2}{J(X)}$$

$$\leqslant \max_{\sqrt{2} \leqslant t \leqslant 2} \frac{-t^2 + 3t - 2}{t} = (\sqrt{2} - 1)^2.$$

2.3 James 常数、von Neumann-Jordan 常数
与正规结构的关系

下面叙述两个结果.

定理 2.3.1   设 X 是 Banach 空间, 如果 $J(X) < \dfrac{3}{2}$, 则 X 具有一致正规结构.

证明   先证 X 具有弱正规结构. 假若不然, 对 $1 > \varepsilon > 0$, 根据引理 1.5.3 可在单位球面上取三点 x_1, x_2, x_3 满足该引理结论中的三个条件. 令 $y = \dfrac{x_2 + x_3}{2}$, 则

$$\|(y - x_1) - x_3\| = \left\| \frac{x_2 - x_3}{2} - x_1 \right\| = 1 - \frac{a}{2},$$

且 $\dfrac{1 - \varepsilon}{2} \leqslant 1 - \dfrac{a}{2} \leqslant \dfrac{1 + \varepsilon}{2}$.

现令 $w = \lambda(y - x_1)$ 是线段 $[-x_1, x_3]$ 上的点, 可证 $\dfrac{1 - \lambda}{\lambda} = 1 - \dfrac{a}{2}$, 于是 $\dfrac{1}{\lambda} \geqslant \dfrac{3}{2} - \varepsilon$. 另一方面, 由 $\left\| \dfrac{x_3 - x_1}{2} \right\| > 1 - \varepsilon$, 由引理 1.5.4 得 $\|w\| > 1 - 2\varepsilon$, 故

$$\|y - x_1\| = \frac{\|w\|}{\lambda} > \frac{3}{2} - 4\varepsilon.$$

类似地, 有 $\|y + x_1\| > \dfrac{3}{2} - 4\varepsilon$. 根据定理 2.1.1 得 $J(X) \geqslant \dfrac{3}{2} - 4\varepsilon$. 由 ε 的任意性矛盾, 又因 $J(X) < \dfrac{3}{2} < 2$, 故自反, 从而 X 具有正规结构, 易证对任意非平凡的超滤子 $\mathscr{U}$, 有 $J(X_{\mathscr{U}}) = J(X)$, 故 X 具有超正规结构, 进而 X 具有一致正规结构.

S. Dhompongsa 等将这一结果进一步推广为

定理 2.3.2([18])   设 X 是 Banach 空间, 如果 $J(X) < \dfrac{1 + \sqrt{5}}{2}$, 则 X 具有一致正规结构.

证明   因为 $J(X) < 2$, 故 X 一致非方从而自反, 故只需证 X 具有弱正规结构. 假若不然, 存在单位球面上一个弱收敛于零的序列 $\{x_n\}$ 使得对 $C := \overline{co}\{x_n\}$ 有

$$\lim_{n \to \infty} \|x_n - x\| = \mathrm{diam}\, C = 1, \quad \forall x \in C.$$

令 $r = \dfrac{\sqrt{5} - 1}{2}$, 则 $r(1 + r) = 1$, 再任取 $\varepsilon \in (0, 1)$ 和 $x_0 \in C$ 使得 $\|x_0\| \geqslant 1 - \dfrac{\varepsilon}{2}$. 下面分两种情形讨论.

第一种情形: 有任意大的 n 使得 $\|x_n + x_0\| \leqslant 1 + r$.

令 $x = x_n - x_0, y = r(x_n + x_0)$ 则 $x, y \in B_X$. 根据 $0 \in C$, 则对充分大的 n 有

$$\|x + y\| \geqslant (1 + r) \left\| x_n - \frac{1 - r}{1 + r} x_0 - \frac{2r}{1 + r} \cdot 0 \right\| \geqslant (1 + r)(1 - \varepsilon).$$

再由 $x_n \xrightarrow{w} 0$, 当 n 充分大后可使 $|f(x_n)| < \dfrac{\varepsilon}{2}$, 其中 f 是 x_0 的支撑泛函. 于是

$$\|x - y\| = \|(1 - r)x_n - (1 + r)x_0\| \geqslant (1 + r)\|x_0\| - \frac{(1 - r)\varepsilon}{2} \geqslant (1 + r)(1 - \varepsilon).$$

故 $J(X) \geqslant 1 + r = \dfrac{1 + \sqrt{5}}{2}$.

第二种情形: n 充分大后有 $\|x_n + x_0\| > 1 + r$.

(1) 对充分大的 m, 都有任意大的 n 使得 $\|x_n + x_m - x_0\| > 1 + r$, 令 $x = x_n - x_0, y = x_m$, 则有 $x, y \in B_X$. 并且

$$\|x + y\| = \|x_n + x_m - x_0\| > 1 + r,$$

$$\|x - y\| = \|x_m + x_0 - x_n\| \geqslant \|x_m + x_0\| - \frac{\varepsilon}{2} > (1 + r) - \frac{\varepsilon}{2}.$$

(2) 对充分大的 m, n 充分大后都有 $\|x_n + x_m - x_0\| \leqslant 1 + r$, 令

$$x = x_n - x_m, \quad y = r(x_n + x_m - x_0),$$

则有 $x, y \in B_X$. 并且 n 充分大后

$$\|x + y\| = (1 + r)\|x_n - \frac{1}{1 + r}[(1 - r)x_m + rx_0]\| \geqslant (1 + r)(1 - \varepsilon);$$

$$\begin{aligned}
\|x - y\| &= \|(1 - r)x_n - [(1 + r)x_m - rx_0]\| \\
&\geqslant \|(1 + r)x_m - rx_0\| - \frac{\varepsilon}{2} \\
&= (1 + r)\|x_m - \frac{r}{1 + r}x_0\| - \frac{\varepsilon}{2} \geqslant (1 + r)(1 - \varepsilon).
\end{aligned}$$

总有 $J(X) \geqslant 1 + r$.

推论 2.3.1　设 X 是 Banach 空间, 如果 $C_{\mathrm{NJ}}(X) < \dfrac{3 + \sqrt{5}}{4}$, 则 X 具有一致正规结构.

为了得出进一步的结果, 我们考虑如下引理.

引理 2.3.1([54])　设 X 是一个 Banach 空间, 且使 B_{X^*} 是 w^*- 序列紧的 (例如, X 是自反的或是可分的, 或者是具有等价的光滑范数的空间). 如果 X 不具有弱正规结构, 则对任意 $\varepsilon > 0$, 存在 $z_1, z_2, z_3 \in S_X$, 及 $g_1, g_2, g_3 \in S_{X^*}$ 使得下面条件成立:

(a) 对一切 $i \neq j$ 有 $\|\|z_i - z_j\| - 1| < \varepsilon, |g_i(z_j)| < \varepsilon$;

(b) $g_i(z_i) = 1$ 对 $i = 1, 2, 3$ 成立;

(c) $\|z_3 - (z_2 + z_1)\| \geqslant \|z_2 + z_1\| - \varepsilon$.

证明　由假设可知存在序列 $(x_n) \subseteq X$ 和 $(f_n) \subseteq S_{X^*}$ 使得 $f_n(x_n) = \|x_n\|, \|f_n\| = 1$, 且有

(1) x_n 弱收敛于 0;

(2) $\operatorname{diam}\{x_n\}_{n=1}^{\infty} = 1 = \lim_{n \to \infty} \|x_n - x\|$ 对一切 $x \in \overline{co}\{x_n\}_{n=1}^{\infty}$ 成立;

(3) f_n 弱星收敛于 B_{X^*} 中某个元 f.

注意到 0 位于 $\{x_n\}_{n=1}^{\infty}$ 的弱闭凸包中, 而该弱闭凸包等价于范数闭凸包, 故有 $\lim_{n \to \infty} \|x_n\| = 1$.

今取定 $\varepsilon \in (0, 1)$. 令 $\eta = \dfrac{\varepsilon}{2}$. 先选定自然数 n_1 使得 $|f(x_{n_1})| < \dfrac{\eta}{2}, 1 - \eta \leqslant \|x_{n_1}\| \leqslant 1$.

其次, 再选自然数 $n_2 > n_1$ 使得

$$1 - \eta \leqslant \|x_{n_2}\| \leqslant 1, \quad 1 - \eta \leqslant \|x_{n_2} - x_{n_1}\| \leqslant 1,$$

$$|f_{n_1}(x_{n_2})| < \eta, \quad |f(x_{n_2})| < \frac{\eta}{2}, \quad |(f_{n_2} - f)(x_{n_1})| < \frac{\eta}{2}.$$

这就蕴含

$$|f_{n_2}(x_{n_1})| \leqslant |(f_{n_2} - f)(x_{n_1})| + |f(x_{n_1})| < \eta.$$

最后取自然数 $n_3 > n_2$ 使得

$$1 - \eta \leqslant \|x_{n_3}\| \leqslant 1, \quad 1 - \eta \leqslant \|x_{n_3} - x_{n_1}\| \leqslant 1, \quad 1 - \eta \leqslant \|x_{n_3} - x_{n_2}\| \leqslant 1,$$

$$|f_{n_1}(x_{n_3})| < \eta, \quad |f_{n_2}(x_{n_3})| < \eta, \quad |(f_{n_3} - f)(x_{n_1})| < \frac{\eta}{2}, \quad |(f_{n_3} - f)(x_{n_2})| < \frac{\eta}{2}.$$

且使

$$\left\| x_{n_3} - \left(\frac{x_{n_2}}{\|x_{n_2}\|} + \frac{x_{n_1}}{\|x_{n_1}\|} \right) \right\| \geqslant \left\| \frac{x_{n_2}}{\|x_{n_2}\|} + \frac{x_{n_1}}{\|x_{n_1}\|} \right\| - \eta.$$

类似地, 易得 $|f_{n_3}(x_{n_1})| < \eta, |f_{n_3}(x_{n_2})| < \eta$. 现令

$$z_1 = \frac{x_{n_1}}{\|x_{n_1}\|}, \quad z_2 = \frac{x_{n_2}}{\|x_{n_2}\|}, \quad z_3 = \frac{x_{n_3}}{\|x_{n_3}\|}, \quad g_1 = f_{n_1}, \quad g_2 = f_{n_2}, \quad g_3 = f_{n_3}.$$

现在证明 (a)-(c) 成立. 事实上, (b) 显然成立, 又对 $i \neq j$ 有

$$|g_i(z_j)| = \frac{|f_{n_i}(x_{n_j})|}{\|x_{n_j}\|} < \frac{\eta}{1 - \eta} < 2\eta = \varepsilon.$$

并且有

$$
\begin{aligned}
\|z_i - z_j\| &= \left\| \frac{x_{n_i}}{\|x_{n_i}\|} - \frac{x_{n_j}}{\|x_{n_j}\|} \right\| \\
&\leqslant \left\| \frac{x_{n_i}}{\|x_{n_i}\|} - x_{n_i} \right\| + \|x_{n_i} - x_{n_j}\| + \left\| x_{n_j} - \frac{x_{n_j}}{\|x_{n_j}\|} \right\| \\
&= |1 - \|x_{n_i}\|| + \|x_{n_i} - x_{n_j}\| + |1 - \|x_{n_j}\|| \\
&< 1 + 2\eta < 1 + \varepsilon,
\end{aligned}
$$

且对一切 $i \neq j$ 有

$$
\|z_i - z_j\| \geqslant g_i(z_i - z_j) = g_i(z_i) - g_i(z_j) \geqslant 1 - \eta > 1 - \varepsilon.
$$

从而 (a) 成立.

最后有

$$
\begin{aligned}
\|z_3 - (z_2 + z_1)\| &\geqslant \|x_{n_3} - (z_2 + z_1)\| - \|x_{n_3} - z_3\| \\
&\geqslant \|z_2 + z_1\| - \eta - |1 - \|x_{n_3}\|| \\
&> \|z_2 + z_1\| - \varepsilon.
\end{aligned}
$$

故 (c) 成立.

定理 2.3.3([58])   如果 $C_{\mathrm{NJ}}(X) < \dfrac{1 + \sqrt{3}}{2}$, 则 Banach 空间 X 和其共轭空间 X^* 都具有一致正规结构.

证明   根据 $C_{\mathrm{NJ}}(X) = C_{\mathrm{NJ}}(X^*)$, 我们只要证明 Banach 空间 X 具有弱正规结构. 假若不然, 取定正数 ε, 利用引理 2.3.1, 可选 $z_1, z_2, z_3 \in S_X$, 及 $g_1, g_2, g_3 \in S_{X^*}$ 满足引理 2.3.1 的条件. 令 $\alpha^2 = 1 + \sqrt{3}$, 考虑如下两种情形:

(1) 如果 $\|z_1 + z_2\| \leqslant \alpha$. 则有

$$
\begin{aligned}
\frac{\|g_1 + g_2\|^2 + \|g_2 - g_1\|^2}{2(\|g_2\|^2 + \|g_1\|^2)} &\geqslant \frac{\left[(g_2 + g_1)\left(\dfrac{z_2 + z_1}{\alpha} \right) \right]^2 + \left[(g_2 - g_1)\left(\dfrac{z_2 - z_1}{\|z_2 - z_1\|} \right) \right]^2}{4} \\
&\geqslant \frac{\left(\dfrac{2 - 2\varepsilon}{\alpha} \right)^2 + \left(\dfrac{2 - 2\varepsilon}{1 + \varepsilon} \right)^2}{4}.
\end{aligned}
$$

(2) 如果 $\|z_1 + z_2\| > \alpha$, 又可分两种情况考虑:

(2.1) 设 $\|z_3 - z_2 + z_1\| \leqslant \alpha$. 此时有

$$\frac{\|g_1 + g_3\|^2 + \|g_3 - g_1\|^2}{2(\|g_3\|^2 + \|g_1\|^2)} \geqslant \frac{\left[(g_3 + g_1)\left(\dfrac{z_3 - z_2 + z_1}{\alpha}\right)\right]^2 + \left[(g_3 - g_1)\left(\dfrac{z_3 - z_1}{\|z_3 - z_1\|}\right)\right]^2}{4}$$

$$\geqslant \frac{\left(\dfrac{2 - 4\varepsilon}{\alpha}\right)^2 + \left(\dfrac{2 - 2\varepsilon}{1 + \varepsilon}\right)^2}{4}.$$

(2.2) 设 $\|z_3 - z_2 + z_1\| > \alpha$. 此时有

$$\frac{\|z_3 - z_2 + z_1\|^2 + \|z_3 - z_2 - z_1\|^2}{2(\|z_3 - z_2\|^2 + \|z_1\|^2)} \geqslant \frac{\alpha^2 + (\|z_2 + z_1\| - \varepsilon)^2}{2((1 + \varepsilon)^2 + 1)} \geqslant \frac{\alpha^2 + (\alpha - \varepsilon)^2}{2((1 + \varepsilon)^2 + 1)}.$$

故总有

$$C_{\mathrm{NJ}}(X) \geqslant \min\left\{\frac{1}{\alpha^2} + 1, \frac{\alpha^2}{2}\right\} = \frac{1 + \sqrt{3}}{2}.$$

下面利用弱正交系数的倒数 $\mu(X)$ 和 $C_{\mathrm{NJ}}(X), J(X)$ 之间的关系, 也可判定空间是否具有正规结构.

定理 2.3.4([37])   如果 Banach 空间 X 满足 $C_{\mathrm{NJ}}(X) < 1 + \dfrac{1}{\mu(X)^2}$, 则 X 具有正规结构.

证明   由 $\mu(X) \geqslant 1$ 故 $C_{\mathrm{NJ}}(X) < 2$, 于是 X 自反, 弱正规结构与正规结构相同. 假设 X 不具有弱正规结构, 则存在 X 中的有界序列 (x_n) 使得

(a) (x_n) 弱收敛于 0;

(b) $\mathrm{diam}\{x_n : n \geqslant 1\} = 1$;

(c) 对一切 $x \in clco(\{x_n : n \geqslant 1\})$ 有

$$\lim_{n \to \infty} \|x_n - x\| = \mathrm{diam}\{x_n : n \geqslant 1\} = 1.$$

对任意充分小的正数 ε, 可取两个自然数 m, n, 使得 $m > n$ 且使

(1) $\|x_n\| \geqslant 1 - \varepsilon$;

(2) $\|x_m - x_n\| \leqslant 1$;

(3) $\|x_m + x_n\| \leqslant \mu(X) + \varepsilon$;

(4) $\left\|x_m - \dfrac{\mu(X)^2 - 1}{\mu(X)^2 + 1} x_n\right\| \geqslant 1 - \varepsilon$;

(5) $\|(\mu(X)^2 - 1)x_m - (\mu(X)^2 + 1)x_n\| \geqslant (\mu(X)^2 + 1)\|x_n\| - \varepsilon$.

令 $x = \mu(X)^2(x_m - x_n), y = x_m + x_n$. 则有

$$\|x\| \leqslant \mu(X)^2, \quad \|y\| \leqslant \mu(X) + \varepsilon.$$

且有

$$
\begin{aligned}
\|x + y\| &= \|(\mu(X)^2 + 1)x_m - (\mu(X)^2 - 1)x_n\| \\
&= (\mu(X)^2 + 1)\|x_m - \frac{\mu(X)^2 - 1}{\mu(X)^2 + 1}x_n\| \\
&\geqslant (\mu(X)^2 + 1)(1 - \varepsilon)
\end{aligned}
$$

及

$$
\begin{aligned}
\|x - y\| &= \|(\mu(X)^2 - 1)x_m - (\mu(X)^2 + 1)x_n\| \\
&\geqslant (\mu(X)^2 + 1)\|x_n\| - \varepsilon \\
&\geqslant (\mu(X)^2 + 1)(1 - \varepsilon) - \varepsilon.
\end{aligned}
$$

于是根据 $C_{\mathrm{NJ}}(X)$ 的定义可得

$$
C_{\mathrm{NJ}}(X) \geqslant \frac{(\mu(X)^2 + 1)^2(1 - \varepsilon)^2 + [(\mu(X)^2 + 1)(1 - \varepsilon) - \varepsilon]^2}{2\mu(X)^4 + 2(\mu(X) + \varepsilon)^2}.
$$

令 $\varepsilon \to 0^+$, 得 $C_{\mathrm{NJ}}(X) \geqslant 1 + \dfrac{1}{\mu(X)^2}$. 此与题设矛盾.

仿照上述定理的证明还可得.

定理 2.3.5([37])　如果 Banach 空间 X 满足 $J(X) < 1 + \dfrac{1}{\mu(X)}$, 则 X 具有正规结构.

证明　由 $\mu(X) \geqslant 1$ 故 $J(X) < 2$, 于是 X 自反, 弱正规结构与正规结构相同. 假设 X 不具有弱正规结构, 则存在 X 中的有界序列 $\{x_n\}$ 使得

(a) $\{x_n\}$ 弱收敛于 0;

(b) $\mathrm{diam}\{x_n : n \geqslant 1\} = 1$;

(c) 对一切 $x \in clco(\{x_n : n \geqslant 1\})$ 有

$$
\lim_{n \to \infty} \|x_n - x\| = \mathrm{diam}\{x_n : n \geqslant 1\} = 1.
$$

对任意充分小的正数 ε, 可取两个自然数 m, n, 使得 $m > n$ 且使

(1) $\|x_n\| \geqslant 1 - \varepsilon$;

(2) $\|x_m - x_n\| \leqslant 1$;

(3) $\|x_m + x_n\| \leqslant \mu(X) + \varepsilon$;

(4) $\left\|\left(1 - \dfrac{1}{\mu(X) + \varepsilon}\right)x_m - \left(1 + \dfrac{1}{\mu(X) + \varepsilon}\right)x_n\right\| \geqslant \left(1 + \dfrac{1}{\mu(X) + \varepsilon}\right)\|x_n\| - \varepsilon$;

(5) $\left\| \left(1 + \dfrac{1}{\mu(X) + \varepsilon}\right) x_m - \left(1 - \dfrac{1}{\mu(X) + \varepsilon}\right) x_n \right\| \geqslant \left(1 + \dfrac{1}{\mu(X) + \varepsilon}\right)(1 - \varepsilon).$

令 $x = x_m - x_n$, $y = \dfrac{x_m + x_n}{\mu(X) + \varepsilon}$. 则有 $\|x\| \leqslant 1$, $\|y\| \leqslant 1$. 且有

$$\|x + y\| \geqslant \left\| \left(1 + \frac{1}{\mu(X) + \varepsilon}\right) x_m - \left(1 - \frac{1}{\mu(X) + \varepsilon}\right) x_n \right\| \geqslant \left(1 + \frac{1}{\mu(X) + \varepsilon}\right)(1 - \varepsilon),$$

及

$$\|x - y\| = \left\| \left(1 - \frac{1}{\mu(X) + \varepsilon}\right) x_m - \left(1 + \frac{1}{\mu(X) + \varepsilon}\right) x_n \right\| \geqslant \left(1 + \frac{1}{\mu(X) + \varepsilon}\right)(1 - \varepsilon) - \varepsilon.$$

于是根据 $J(X)$ 的定义可得

$$J(X) \geqslant \left(1 + \frac{1}{\mu(X) + \varepsilon}\right)(1 - \varepsilon) - \varepsilon.$$

令 $\varepsilon \to 0^+$, 得 $J(X) \geqslant 1 + \dfrac{1}{\mu(X)}$. 此与题设矛盾.

2.4　$l_p - l_1$ 空间的 von Neumann-Jordan 常数

先介绍如下引理.

引理 2.4.1([42])　令 $X = (X, \| \cdot \|)$ 为非平凡的 Banach 空间, 且 $X_1 = (X, \| \cdot \|_1)$, 其中 $\| \cdot \|_1$ 是 X 上的一个等价范数, 对 $\alpha, \beta > 0$ 及 $x \in X$, 满足

$$\alpha \|x\| \leqslant \|x\|_1 \leqslant \beta \|x\|.$$

则

$$\frac{\alpha}{\beta} J(X) \leqslant J(X_1) \leqslant \frac{\beta}{\alpha} J(X)$$

且

$$\frac{\alpha^2}{\beta^2} C_{\mathrm{NJ}}(X) \leqslant C_{\mathrm{NJ}}(X_1) \leqslant \frac{\beta^2}{\alpha^2} C_{\mathrm{NJ}}(X).$$

由该引理, 我们可得下述结果.

定理 2.4.1([42])　如果 X 和 Y 是两个同构的 Banach 空间, $d(X, Y)$ 表示它们之间的 Banach-Mazur 距离, 则

(i) $\dfrac{J(X)}{d(X, Y)} \leqslant J(Y) \leqslant J(X) d(X, Y)$;

(ii) $\dfrac{C_{\mathrm{NJ}}(X)}{d(X, Y)^2} \leqslant C_{\mathrm{NJ}}(Y) \leqslant C_{\mathrm{NJ}}(X) d(X, Y)^2.$

特别地, 若 X 在 Y 中有限可表示, 则 $J(X) \leqslant J(Y), C_{NJ}(X) \leqslant C_{NJ}(Y)$. 因为 X^{**} 在 X 中有限可表示, 故不难得到 $J(X^{**}) = J(X)$.

文献 [42] Examples 2, 4, 8 中, 作者研究了 $l_p - l_q$ 空间并给出了下面的估计式

$$C_{NJ}(l_\infty - l_1) \geqslant 5/4, \quad C_{NJ}(l_2 - l_1) \geqslant 3/2.$$

下面给出上述空间关于 NJ 常数的精确值, 从而部分的回答了 Kato 等提出的一个公开问题 [42].

引理 2.4.2　设 $X = l_\infty - l_1$ 空间, 则

$$\delta_X(\varepsilon) = \max\left\{0, \frac{\varepsilon - 1}{2}\right\}; \quad \varrho_X(\tau) = \max\left\{\frac{\tau}{2}, \tau - \frac{1}{2}\right\}.$$

证明　先证在单位球面上有 $\|x + y\| + \|x - y\| \leqslant 3$.

(I) 设 $x = (a, 1)$, 其中 $0 \leqslant a \leqslant 1$. 由对称性, 只要考虑下面三种情形:

(Ia) $y = (b.1)$, 其中 $0 \leqslant b \leqslant 1$. 显见有 $\|x + y\| + \|x - y\| = 2 + |a - b| \leqslant 3$.

(Ib) $y = (1, b)$, 其中 $0 \leqslant b \leqslant 1$. 则有

$$\|x + y\| + \|x - y\| = \max\{(1 + a), 1 + b\} + 2 - a - b \leqslant 3.$$

(Ic) $y = (-b, -b + 1)$, 其中 $0 \leqslant b \leqslant 1$. 则有

$$\|x + y\| + \|x - y\| \leqslant \max\{2 - b, 2 - a\} + a + b \leqslant 3.$$

故当 $x = (a, 1)$ 时, 其中 $0 \leqslant a \leqslant 1$. 对一切 $y \in S_X$, 都有 $\|x + y\| + \|x - y\| \leqslant 3$.

(II) 设 $x = (1, a)$, 其中 $0 \leqslant a \leqslant 1$. 对任意 $y = (y_1, y_2) \in S_X$, 令 $x' = (a, 1), y' = (y_2, y_1)$, 利用上述结果可知

$$\|x + y\| + \|x - y\| = \|x' + y'\| + \|x' - y'\| \leqslant 3.$$

(III) 设 $x = (-a, -a + 1)$, 其中 $0 \leqslant a \leqslant 1$. 由对称性, 只要考虑下面三种情形:

(IIIa) $y = (b, 1)$, 其中 $0 \leqslant b \leqslant 1$. 由 (Ic) 可知结论成立.

(IIIb) $y = (1, b)$, 其中 $0 \leqslant b \leqslant 1$. 则有

$$\|x + y\| + \|x - y\| \leqslant 1 + b - a + (1 + a) \vee (1 + a + 1 - b - a) \leqslant 3.$$

(IIIc) $y = (-b, -b + 1)$, 其中 $0 \leqslant b \leqslant 1$. 则有

$$\|x + y\| + \|x - y\| \leqslant 2 + |a - b| \leqslant 3.$$

另外, 当 $0 \leqslant \varepsilon \leqslant 1$ 时, 令 $x = (1,0), y = (0,-1)$, 显然 $\|x-y\| = 1, \|x+y\| = 2$, 故 $\delta_X(\varepsilon) = 0$. 当 $\varepsilon > 1$ 时, 由在单位球面上有 $\|x+y\| + \|x-y\| \leqslant 3$, 故 $\delta_X(\varepsilon) \geqslant \dfrac{\varepsilon-1}{2}$. 再取单位球面上两点 $x = (1,1), y = (1-\varepsilon, 2-\varepsilon)$, 可知 $\|x-y\| = \varepsilon, \|x+y\| = 3-\varepsilon$, 故又有 $\delta_X(\varepsilon) \leqslant \dfrac{\varepsilon-1}{2}$.

最后, 对任意球面上两点 x, y 和 $0 \leqslant \tau \leqslant 1$ 有

$$\|x+\tau y\| + \|x-\tau y\| \leqslant \tau(\|x+y\| + \|x-y\|) + 2(1-\tau) \leqslant 2 + \tau.$$

故有 $\varrho_X(\tau) \leqslant \dfrac{\tau}{2}$, 再令 $x = (0,1), y = (1,1)$, 可知 $\varrho_X(\tau) \geqslant \dfrac{\tau}{2}$ 故有 $\varrho_X(\tau) = \dfrac{\tau}{2}$. 当 $1 \leqslant \tau$ 时, 由 $\varrho_X(\tau) = \tau \varrho_X\left(\dfrac{1}{\tau}\right) + \tau - 1$ 可知结论成立.

例 2.4.1($l_\infty - l_1$ 空间)   令 $X = \mathbb{R}^2$ 在其上定义一个等价范数

$$\|x\| = \begin{cases} \|x\|_\infty, & x_1 x_2 \geqslant 0, \\ \|x\|_1, & x_1 x_2 \leqslant 0, \end{cases}$$

则 $J((l_\infty - l_1) = 3/2, C_{\mathrm{NJ}}(l_\infty - l_1) = (3+\sqrt{5})/4$.

证明 $J((l_\infty - l_1) = 3/2$ 显然由凸性模可以得到. 由于 $\rho(t) = \max\{t/2, t - 1/2\}$([42] 例 4), 则对 $t \in [0,1]$, 有

$$\|x+y\|^2 + \|x-y\|^2 \leqslant 1 + (1+t)^2, \quad \forall\, x \in S_X,\ y \in tS_X.$$

事实上, 若 $\|x+y\| \leqslant 1$, 则上式显然成立; 若 $\|x+y\| = a(1 \leqslant a \leqslant 1+t)$, 则

$$\begin{aligned} \|x+y\|^2 + \|x-y\|^2 &\leqslant a^2 + [2(\rho(t)+1) - a]^2 \\ &= a^2 + (2 + t - a)^2 \\ &= 2a^2 - 2a(2+t) + (2+t)^2 \\ &=: f(a). \end{aligned}$$

注意到 $f(a)$ 在 $a = 1$ 达到最大值, 因此可得上述所要的不等式. 令 $x = (1,1), y = (0,t)$, 则

$$\|x+y\|^2 + \|x-y\|^2 = 1 + (1+t)^2.$$

故 $2\gamma_X(t) = 1 + (1+t)^2$, 于是

$$C_{\mathrm{NJ}}(l_\infty - l_1) = \sup_{t \in [0,1]} \left\{ \frac{1 + (1+t)^2}{2(1+t^2)} \right\} = \frac{3+\sqrt{5}}{4}.$$

例 2.4.2$(l_2 - l_1$ 空间) 令 $X = \mathbb{R}^2$ 在其上定义一个等价范数

$$\|x\| = \begin{cases} \|x\|_2, & x_1 x_2 \geqslant 0, \\ \|x\|_1, & x_1 x_2 \leqslant 0, \end{cases}$$

则 $J(l_2 - l_1) = \sqrt{\dfrac{8}{3}}, C_{\mathrm{NJ}}(l_2 - l_1) = 3/2$.

证明 $J(l_2 - l_1) = \sqrt{\dfrac{8}{3}}$ 在定理 2.1.1 中已经获得. 注意到

$$\mathrm{ex}(B_X) = \{(x_1, x_2) \mid x_1^2 + x_2^2 = 1, x_1 x_2 \geqslant 0\}.$$

因此若 $x, y \in \mathrm{ex}(B_X)$, 则

$$\|x + ty\|^2 + \|x - ty\|^2 \leqslant 2(1 + t^2) + 2t.$$

事实上, 假定 $x = (a, b)$, $y = (c, d) \in \mathrm{ex}(B_X)$, 其中 $a, b, c, d \geqslant 0$, 则

$$x + ty = (a + ct, b + dt), \quad x - ty = (a - ct, b - dt).$$

若 $(a - ct)(b - dt) \geqslant 0$, 则

$$\begin{aligned}
\|x + ty\|^2 + \|x - ty\|^2 &= \|(a + ct, b + dt)\|_2^2 + \|(a - ct, b - dt)\|_2^2 \\
&\leqslant 2\gamma_{l_2}(t) = 2(1 + t^2) \\
&\leqslant 2(1 + t^2) + 2t.
\end{aligned}$$

若 $a - ct \geqslant 0, b - dt \leqslant 0$, 则

$$\begin{aligned}
\|x + ty\|^2 + \|x - ty\|^2 &= \|(a + ct, b + dt)\|_2^2 + \|(a - ct, b - dt)\|_1^2 \\
&= 2(1 + t^2) - 2ab - 2cdt^2 + 2adt + 2bct \\
&\leqslant 2(1 + t^2) + 2t.
\end{aligned}$$

相似的讨论表明上述不等式在剩余的情况也是成立的. 令 $x = (1, 0)$, $y = (0, t)$, 则 $\|x + y\|^2 + \|x - y\|^2 = 2(1 + t + t^2)$. 从而 $\gamma_X(t) = 1 + t + t^2$, 故

$$C_{\mathrm{NJ}}(l_2 - l_1) = \sup_{t \in [0,1]} \left\{ \frac{1 + t + t^2}{1 + t^2} \right\} = 3/2.$$

下面给出 $l_p - l_1$ 空间的 NJ 常数. 先看下面的引理.

当 $1 \leqslant p \leqslant 2$ 时, 我们在第 3 章中将给出它的结果. 下面考虑 $p \geqslant 2$ 的情形, 首先给出下面引理.

引理 2.4.3   设 $p \geqslant 2$ 且令

$$f(t) := \frac{t - t^{p-1}}{1 - t^2}(1 + t^p)^{\frac{2}{p}-1}, \quad t \in [0, 1].$$

则函数 f 是非降的; 此外 $0 \leqslant f(t) \leqslant (p-2)2^{\frac{2}{p}-2}$.

证明   计算可得

$$
\begin{aligned}
f'(t) &= \frac{(1+t^p)^{\frac{2}{p}-2}}{(1-t^2)^2}[(1+t^p)(1-t^2)(1-(p-1)t^{p-2}) \\
&\quad + (2-p)(1-t^2)(t^p - t^{2p-2}) + 2t(1+t^p)(t - t^{p-1})] \\
&= \frac{(1+t^p)^{\frac{2}{p}-2}}{(1-t^2)^2}[(1-t^2)(1+(3-p)t^p - (p-1)t^{p-2} \\
&\quad - t^{2p-2}) + 2t(1+t^p)(t - t^{p-1})] \\
&= \frac{(1+t^p)^{\frac{2}{p}-2}}{(1-t^2)^2}(1+t^2)(1 - t^{2p-2} - (p-1)t^{p-2}(1-t^2)).
\end{aligned}
$$

为了说明 f 非降, 只需证明 $f'(t) \geqslant 0$. 令

$$h(t) := 2t^p + (p-2) - pt^2, \quad g(t) = 1 - t^{2p-2} - (p-1)(t^{p-2} - t^p).$$

由于 $h'(t) = 2p(t^{p-1} - t) \leqslant 0$, 可知 h 非增, 故 $h(t) \geqslant h(1) = 0$, 于是

$$g'(t) = (1-p)t^{p-3}(2t^p + p - 2 - pt^2) = (1-p)t^{p-3}h(t) \leqslant 0.$$

从而 $g(t) \geqslant g(1) = 0$, 及

$$f'(t) = \frac{(1+t^2)^{\frac{2}{p}-2}(1+t^2)}{(1-t^2)^2}g(t) \geqslant 0.$$

因此 f 是非降的, 又

$$\lim_{t \to 1^-} f(t) = (p-2)2^{\frac{2}{p}-2},$$

故知结论成立.

引理 2.4.4   设 $x_1, x_2, y_1, y_2 \geqslant 0$ 及 $p \geqslant 2$ 使得 $x_1^p + x_2^p = 1$ 及 $y_1^p + y_2^p = 1$. 如果 $0 \leqslant t \leqslant 1, 0 \leqslant ty_1 \leqslant x_1$ 且 $0 \leqslant x_2 \leqslant ty_2$, 则

$$[(x_1 + ty_1)^p + (x_2 + ty_2)^p]^{\frac{2}{p}} + (x_1 - ty_1 + ty_2 - x_2)^2 \leqslant (1+t)^2 + (1+t^p)^{\frac{2}{p}}.$$

证明 显然 $0 \leqslant x_1 - ty_1 + ty_2 - x_2 \leqslant 1 + t$. 下面考虑两种情形.

情形 1. $0 \leqslant x_1 - ty_1 + ty_2 - x_2 \leqslant (1 + t^p)^{1/p}$. 故

$$[(x_1 + ty_1)^p + (x_2 + ty_2)^p]^{\frac{2}{p}} + (x_1 - ty_1 + ty_2 - x_2)^2$$
$$\leqslant [(x_1^p + x_2^p)^{1/p} + (t^p y_1^p + t^p y_2^p)^{1/p}]^2 + (1 + t^p)^{\frac{2}{p}}$$
$$= (1 + t)^2 + (1 + t^p)^{\frac{2}{p}}.$$

情形 2. $(1 + t^p)^{1/p} \leqslant x_1 - ty_1 + ty_2 - x_2 \leqslant 1 + t$. 由 Minkowski 不等式,

$$[(x_1 + ty_1)^p + (x_2 + ty_2)^p]^{1/p} + x_1 - ty_1 + ty_2 - x_2$$
$$\leqslant (x_1^p + t^p y_2^p)^{1/p} + (t^p y_1^p + x_2^p)^{1/p} + x_1 - ty_1 + ty_2 - x_2$$
$$\leqslant (x_1^p + t^p y_2^p)^{1/p} + ty_1 + x_2 + x_1 - ty_1 + ty_2 - x_2$$
$$\leqslant (1 + t) + (1 + t^p)^{1/p}.$$

结果就有

$$[(x_1 + ty_1)^p + (x_2 + ty_2)^p]^{1/p} \leqslant (1 + t) + (1 + t^p)^{1/p} - (x_1 - ty_1 + ty_2 - x_2).$$

于是

$$[(x_1 + ty_1)^p + (x_2 + ty_2)^p]^{\frac{2}{p}} + (x_1 - ty_1 + ty_2 - x_2)^2$$
$$\leqslant [(1 + t) + (1 + t^p)^{1/p} - (x_1 - ty_1 + ty_2 - x_2)]^2$$
$$\quad + (x_1 - ty_1 + ty_2 - x_2)^2$$
$$\leqslant \max_{u \in [(1+t^p)^{1/p}, 1+t]} [(1 + t) + (1 + t^p)^{1/p} - u]^2 + u^2$$
$$= (1 + t)^2 + (1 + t^p)^{\frac{2}{p}}.$$

下面定义

$$\rho(t) := \sup_{x, y \in \mathrm{ex}(B_X)} \{\|x + ty\|^2 + \|x - ty\|^2\}.$$

引理 2.4.5 设 $X = l_p - l_1$. 若 $p \geqslant 2$, 则

$$\rho(t) = (1 + t)^2 + (1 + t^p)^{\frac{2}{p}}. \tag{2.4.1}$$

证明 对任意固定的 $t \in [0, 1]$ 令 $x_0 = (1, 0), y_0 = (0, 1)$. 则

$$\rho(t) \geqslant \|x_0 + ty_0\|^2 + \|x_0 - ty_0\|^2$$
$$= (1 + t)^2 + (1 + t^p)^{\frac{2}{p}}.$$

故只需证明 $\rho(t) \leqslant (1+t)^2 + (1+t^p)^{\frac{2}{p}}$ 对任意 $x, y \in \mathrm{ex}(B_X)$. 注意到 $\mathrm{ex}(B_X) = \{(x_1, x_2) : |x_1|^p + |x_2|^p = 1; x_1 x_2 \geqslant 0\}$. 令 $x = (x_1, x_2), y = (y_1, y_2) \in \mathrm{ex}(B_X)$, 不失一般性, 可设 $x_i \geqslant 0$ 且 $y_i \geqslant 0$, $i = 1, 2$, 可分两种情形考虑:

情形 1. $(x_1 - ty_1)(x_2 - ty_2) \geqslant 0$. 由 Minkowski 不等式,

$$
\begin{aligned}
&\|x + ty\|^2 + \|x - ty\|^2 \\
&= \|x + ty\|_p^2 + \|x - ty\|_p^2 \\
&= [(x_1 + ty_1)^p + (x_2 + ty_2)^p]^{\frac{2}{p}} + [|x_1 - ty_1|^p + |x_2 - ty_2|^p]^{\frac{2}{p}} \\
&\leqslant [(x_1^p + x_2^p)^{1/p} + t(y_1^p + y_2^p)^{1/p}]^2 + 1 \\
&= (1 + t)^2 + 1 \leqslant (1 + t)^2 + (1 + t^p)^{\frac{2}{p}}.
\end{aligned}
$$

情形 2. $(x_1 - ty_1)(x_2 - ty_2) \leqslant 0$. 不失一般性可设 $x_1 - ty_1 \geqslant 0$ 且 $x_2 - ty_2 \leqslant 0$. 则由引理 2.4.4 可得

$$
\begin{aligned}
&\|x + ty\|^2 + \|x - ty\|^2 = \|x + ty\|_p^2 + \|x - ty\|_1^2 \\
&= [(x_1 + ty_1)^p + (x_2 + ty_2)^p]^{\frac{2}{p}} + (x_1 - ty_1 + ty_2 - x_2)^2 \\
&\leqslant (1 + t)^2 + (1 + t^p)^{\frac{2}{p}}.
\end{aligned}
$$

定理 2.4.2([85])　设 X 为 $l_p - l_1$ 空间 $p \geqslant 2$.
若 $(p - 2)2^{\frac{2}{p} - 2} \leqslant 1$, 则

$$
C_{\mathrm{NJ}}(X) = 1 + 2^{\frac{2}{p} - 2};
$$

若 $(p - 2)2^{\frac{2}{p} - 2} \geqslant 1$, 则

$$
C_{\mathrm{NJ}}(X) = \frac{1}{2} + \frac{1 - t_0^p}{2(t_0 - t_0^{p-1})},
$$

其中 $t_0 \in (0, 1)$ 是下列方程的唯一解

$$
\frac{t - t^{p-1}}{1 - t^2}(1 + t^p)^{\frac{2}{p} - 1} = 1. \tag{2.4.2}
$$

证明　由引理 2.4.5, 可得

$$
C_{\mathrm{NJ}}(X) = \max_{t \in [0,1]} \frac{(1 + t)^2 + (1 + t^p)^{\frac{2}{p}}}{2(1 + t^2)}.
$$

令 $f(t) := [2t + (1+t^p)^{2/p}]/2(1+t^2)$, 有

$$f'(t) = \frac{1-t^2}{(1+t^2)^2}\left[1 - \frac{t-t^{p-1}}{1-t^2}(1+t^p)^{\frac{2}{p}-1}\right].$$

如果 $(p-2)2^{\frac{2}{p}-2} \leqslant 1$, 引理 2.4.3 蕴含 $f'(t) \geqslant 0$, 故 f 是非降的. 故

$$C_{\mathrm{NJ}}(X) = \frac{1}{2} + \max_{t \in [0,1]} f(t)$$
$$= \frac{1}{2} + f(1) = 1 + 2^{\frac{2}{p}-2}.$$

否则令 $t_0 \in (0,1)$ 是方程 (2.4.2) 的唯一解. 由引理 2.4.3 可知 $f'(t) \geqslant 0$ 对 $t \in [0, t_0]$ 及 $f'(t) \leqslant 0$ 对 $t \in [t_0, 1]$. 故 f 在 t_0 达到最大值. 从而

$$C_{\mathrm{NJ}}(X) = \frac{1}{2} + \max_{t \in [0,1]} f(t) = \frac{1}{2} + f(t_0)$$
$$= \frac{1}{2} + \frac{1-t_0^p}{2(t_0 - t_0^{p-1})}.$$

2.5　J. Banaś-K. Frączek 空间的 James 常数
与 von Neumann-Jordan 常数

由定理 1.3.2, 我们容易求得 J. Banaś-K. Frączek 空间的 James 常数为 $\dfrac{2\lambda}{\sqrt{1+\lambda^2}}$, 下面给出 J. Banaś-K. Frączek 的 C_{NJ} 常数.

定理 2.5.1([76])　设 $\lambda \geqslant 1$ 且 $\mathbb{R}^2_\lambda$ 是 J. Banaś-K. Frączek 空间. 即 $\mathbb{R}^2_\lambda :=$ $(\mathbb{R}^2, \|\cdot\|_\lambda)$, 其中 $\lambda > 1$ 且

$$\|(a,b)\| = \max\{\lambda|a|, \sqrt{a^2+b^2}\}.$$

则

$$C_{\mathrm{NJ}}(\mathbb{R}^2_\lambda) = 2 - \frac{1}{\lambda^2}. \tag{2.5.1}$$

为了证明这个定理, 首先给出如下引理.

引理 2.5.1　若 $\lambda \geqslant \sqrt{2}$ 且 $|x_1| \leqslant \dfrac{1}{\lambda}$, $|y_1| \leqslant \dfrac{1}{\lambda}$, 则

$$(\lambda^2 - 1)|x_1 y_1| + \sqrt{1-x_1^2}\sqrt{1-y_1^2} \leqslant 2 - \frac{2}{\lambda^2}. \tag{2.5.2}$$

证明   由 $|x_1| \leqslant \dfrac{1}{\lambda}$, 及 $|y_1| \leqslant \dfrac{1}{\lambda}$, 有

$$(\lambda^2 - 2)|x_1 y_1| \leqslant \frac{\lambda^2 - 2}{\lambda^2},$$

即

$$1 - |x_1 y_1| \leqslant (\lambda^2 - 1)\left(\frac{2}{\lambda^2} - |x_1 y_1|\right).$$

故

$$\sqrt{1 - x_1^2}\sqrt{1 - y_1^2} \leqslant 1 - |x_1 y_1| \leqslant (\lambda^2 - 1)\left(\frac{2}{\lambda^2} - |x_1 y_1|\right).$$

因此, (2.5.2) 成立.

引理 2.5.2   设 $0 \leqslant \tau \leqslant 1, 1 < \lambda < \sqrt{2}$ 及 $0 \leqslant x_1, y_1 \leqslant \dfrac{1}{\lambda}$. 若 $F(x_1, y_1) = \lambda^2(x_1^2 + \tau^2 y_1^2) + 2\tau x_1 y_1 (\lambda^2 - 1) + 2\tau\sqrt{1 - x_1^2}\sqrt{1 - y_1^2}$, 则

$$\max\left\{F(x_1, y_1) : 0 \leqslant x_1, y_1 \leqslant \frac{1}{\lambda}\right\} = \max\left\{F(x_1, y_1) : (x_1, y_1) \in \partial\left\{\left[0, \frac{1}{\lambda}\right] \times \left[0, \frac{1}{\lambda}\right]\right\}\right\},$$

$$(2.5.3)$$

其中 $\partial\left\{\left[0, \dfrac{1}{\lambda}\right] \times \left[0, \dfrac{1}{\lambda}\right]\right\}$ 表示 $\left[0, \dfrac{1}{\lambda}\right] \times \left[0, \dfrac{1}{\lambda}\right]$ 的边界.

证明   不妨设 $\tau \in (0, 1]$. 假若 $\max\left\{F(x_1, y_1) : 0 \leqslant x_1, y_1 \leqslant \dfrac{1}{\lambda}\right\}$ 在某点 $(x_1, y_1) \in \left(0, \dfrac{1}{\lambda}\right) \times \left(0, \dfrac{1}{\lambda}\right)$ 达到最大值, 则 $F_{x_1}(x_1, y_1) = F_{y_1}(x_1, y_1) = 0$. 这就蕴含

$$\lambda^2 + \tau(\lambda^2 - 1)\frac{y_1}{x_1} = \tau\sqrt{\frac{1 - y_1^2}{1 - x_1^2}}, \tag{2.5.4}$$

及

$$\tau\lambda^2 + (\lambda^2 - 1)\frac{x_1}{y_1} = \sqrt{\frac{1 - x_1^2}{1 - y_1^2}}. \tag{2.5.5}$$

现在, (2.5.4) 乘以 (2.5.5) 可得

$$\tau = \tau\lambda^4 + \lambda^2(\lambda^2 - 1)\frac{x_1}{y_1} + \tau^2\lambda^2(\lambda^2 - 1)\frac{y_1}{x_1} + \tau(\lambda^2 - 1)^2. \tag{2.5.6}$$

但是 (2.5.6) 等价于

$$0 = 2\tau\lambda^2 + \lambda^2\frac{x_1}{y_1} + \tau^2\lambda^2\frac{y_1}{x_1},$$

显然矛盾.

引理 2.5.3   (i) 设 $1 \leqslant \lambda \leqslant \sqrt{2}$ 及 $0 \leqslant z \leqslant \dfrac{1}{\lambda^2}$, 则

$$9\lambda^4 z^2 + 48z + 25 - 34\lambda^2 z - 8\lambda^2 z^2 - \frac{16}{\lambda^2}z + \frac{16}{\lambda^4} - \frac{40}{\lambda^2} \geqslant 0; \qquad (2.5.7)$$

(ii) 如 $0 \leqslant y \leqslant \dfrac{1}{\lambda}$ 及 $1 \leqslant \lambda \leqslant \sqrt{2}$, 则

$$2y\sqrt{\lambda^2 - 1}\sqrt{1 - y^2} \leqslant 5 + 2y^2 - 3\lambda^2 y^2 - \frac{4}{\lambda^2}. \qquad (2.5.8)$$

证明   (i) 令 $f(z) = 9\lambda^4 z^2 + 48z + 25 - 34\lambda^2 z - 8\lambda^2 z^2 - \dfrac{16}{\lambda^2}z + \dfrac{16}{\lambda^4} - \dfrac{40}{\lambda^2}$, 计算可得

$$f'(z) = 18\lambda^4 z + 48 - 34\lambda^2 - 16\lambda^2 z - \frac{16}{\lambda^2}.$$

因 $f''(z) = 18\lambda^4 - 16\lambda^2 > 0$, 故

$$f'(z) \leqslant f'\left(\frac{1}{\lambda^2}\right) = 32 - 16\left(\lambda^2 + \frac{1}{\lambda^2}\right) \leqslant 0.$$

于是, $f(z) \geqslant f\left(\dfrac{1}{\lambda^2}\right) = 0$.

(ii) 因 (2.5.8) 等价于

$$4y^2(\lambda^2 - 1)(1 - y^2) \leqslant 25 + 4y^4 + 20y^2 - (10 + 4y^2)\left(3\lambda^2 y^2 + \frac{4}{\lambda^2}\right) + 9\lambda^4 y^4 + \frac{16}{\lambda^4} + 24y^2,$$

即

$$34\lambda^2 y^2 + 8\lambda^2 y^4 + \frac{16}{\lambda^2}y^2 + \frac{40}{\lambda^2} \leqslant 9\lambda^4 y^4 + \frac{16}{\lambda^4} + 48y^2 + 25.$$

现在, 令 $z = y^2$ 由 (2.5.7), 可得 (2.5.8).

引理 2.5.4   (i) 令 $A, B > 0$ 及 $\tau \in [0, 1]$, 则

$$\max\left\{\frac{A + B\tau}{2(1 + \tau^2)}\right\} \leqslant \frac{A + \sqrt{A^2 + B^2}}{4}. \qquad (2.5.9)$$

(ii) 令 $1 < \lambda \leqslant \sqrt{2}, 0 \leqslant y \leqslant \dfrac{1}{\lambda}$ 及 $\tau \in [0, 1]$, 则

$$\frac{1}{2} + \frac{1 + \lambda^2 \tau^2 y^2 + \dfrac{2\tau}{\lambda}\left[(\lambda^2 - 1)y + \sqrt{\lambda^2 - 1}\sqrt{1 - y^2}\right]}{2(1 + \tau^2)} \leqslant 2 - \frac{1}{\lambda^2}. \qquad (2.5.10)$$

证明　(i) 显然, 函数 $g(\tau) \equiv \dfrac{A + B\tau}{2(1 + \tau^2)}$ 在 $\tau = \dfrac{\sqrt{A^2 + B^2} - A}{B}$ 达到最大值, 故 (2.5.9) 成立. (ii) 应用 (2.5.9), 有

$$\frac{1}{2} + \frac{1 + \lambda^2 \tau^2 y^2 + \dfrac{2\tau}{\lambda}[(\lambda^2 - 1)y + \sqrt{\lambda^2 - 1}\sqrt{1 - y^2}]}{2(1 + \tau^2)}$$

$$= \frac{1 + \lambda^2 y^2}{2} + \frac{1 - \lambda^2 y^2 + \dfrac{2\tau}{\lambda}[(\lambda^2 - 1)y + \sqrt{\lambda^2 - 1}\sqrt{1 - y^2}]}{2(1 + \tau^2)}$$

$$\leqslant \frac{3 + \lambda^2 y^2}{4} + \frac{\sqrt{(1 - \lambda^2 y^2)^2 + \dfrac{4}{\lambda^2}[(\lambda^2 - 1)y + \sqrt{\lambda^2 - 1}\sqrt{1 - y^2}]^2}}{4}.$$

故, 只需证明

$$\sqrt{(1 - \lambda^2 y^2)^2 + \frac{4}{\lambda^2}[(\lambda^2 - 1)y + \sqrt{\lambda^2 - 1}\sqrt{1 - y^2}]^2} \leqslant 5 - \frac{4}{\lambda^2} - \lambda^2 y^2. \quad (2.5.11)$$

而 (2.5.11) 等价于

$$(1 - \lambda^2 y^2)^2 + \frac{4}{\lambda^2}[(\lambda^2 - 1)y + \sqrt{\lambda^2 - 1}\sqrt{1 - y^2}]^2 \leqslant \left[(1 - \lambda^2 y^2) + 4\left(1 - \frac{1}{\lambda^2}\right)\right]^2. \quad (2.5.12)$$

且 (2.5.10) 可变为

$$\frac{4}{\lambda^2}\left[\sqrt{\lambda^2 - 1}\,y + \sqrt{1 - y^2}\right]^2 \leqslant \frac{16(\lambda^2 - 1)}{\lambda^4} + \frac{8}{\lambda^2}(1 - \lambda^2 y^2). \quad (2.5.13)$$

通过简单计算表明, (2.5.13) 等价于 (2.5.8).

引理 2.5.5　令 $1 < \lambda \leqslant \sqrt{2}, \tau \in [0, 1]$ 及 $0 \leqslant y \leqslant \dfrac{1}{\lambda}$, 则

$$\frac{1}{2} + \frac{\lambda^2 \tau^2 y^2 + 2\tau\sqrt{1 - y^2}}{2(1 + \tau^2)} \leqslant 2 - \frac{1}{\lambda^2}, \quad (2.5.14)$$

及

$$\frac{1}{2} + \frac{\lambda^2 y^2 + 2\tau\sqrt{1 - y^2}}{2(1 + \tau^2)} \leqslant 2 - \frac{1}{\lambda^2}. \quad (2.5.15)$$

证明　显然, (2.5.15) 蕴含 (2.5.14). 现在, 我们证明 (2.5.15). 由 $\lambda^2(1 - y^2) + \dfrac{\tau^2}{\lambda^2} \geqslant 2\tau\sqrt{1 - y^2}$, 可得 $\lambda^2 y^2 + 2\tau\sqrt{1 - y^2} \leqslant \lambda^2 + \dfrac{\tau^2}{\lambda^2}$. 因此

$$\frac{1}{2} + \frac{\lambda^2 y^2 + 2\tau\sqrt{1 - y^2}}{2(1 + \tau^2)} \leqslant \frac{1}{2} + \frac{\lambda^2 + \dfrac{\tau^2}{\lambda^2}}{2(1 + \tau^2)} \leqslant \frac{1}{2} + \frac{\lambda^2}{2} \leqslant 2 - \frac{1}{\lambda^2},$$

其中最后一步是由于 $(\lambda^2 - 1)(\lambda^2 - 2) \leqslant 0$.

定理 2.5.1 的证明 不妨设 $\lambda > 1$. 注意到 $\mathrm{ex}(B(X)) = \left\{ (z_1, z_2) : z_1^2 + z_2^2 = 1, \right.$ $\left. |z_1| \leqslant \dfrac{1}{\lambda} \right\}$. 下证

$$\frac{\|x + \tau y\|^2 + \|x - \tau y\|^2}{2(1 + \tau^2)} \leqslant 2 - \frac{1}{\lambda^2}, \tag{2.5.16}$$

对一切 $x, y \in \mathrm{ex}(B(X))$ 和任意 $\tau \in [0, 1]$ 成立

(I) $\lambda \geqslant \sqrt{2}$. 令 $x = (x_1, x_2), y = (y_1, y_2)$, 则有下列三种情形:

(Ia) 若 $\|x + \tau y\|_2 \leqslant |\lambda(x_1 + \tau y_1)|$, 及 $\|x - \tau y\|_2 \leqslant |\lambda(x_1 - \tau y_1)|$, 则

$$\begin{aligned} \|x + \tau y\|^2 + \|x - \tau y\|^2 &= \lambda^2[(x_1 + \tau y_1)^2 + (x_1 - \tau y_1)^2] \\ &= 2\lambda^2(x_1^2 + \tau^2 y_1^2) \leqslant 2(1 + \tau^2). \end{aligned} \tag{2.5.17}$$

(Ib) 若 $\|x + \tau y\|_2 > |\lambda(x_1 + \tau y_1)|$, 及 $\|x - \tau y\|_2 > |\lambda(x_1 - \tau y_1)|$, 则

$$\|x + \tau y\|^2 + \|x - \tau y\|^2 = \|x + \tau y\|_2^2 + \|x - \tau y\|_2^2 = 2(1 + \tau^2). \tag{2.5.18}$$

(Ic) 若 $\|x + \tau y\|_2 \leqslant |\lambda(x_1 + \tau y_1)|$, 及 $\|x - \tau y\|_2 > |\lambda(x_1 - \tau y_1)|$, 或 $\|x + \tau y\|_2 > |\lambda(x_1 + \tau y_1)|$, 及 $\|x - \tau y\|_2 \leqslant |\lambda(x_1 - \tau y_1)|$, 则由引理 2.5.1 可得

$$\begin{aligned} \|x + \tau y\|^2 + \|x - \tau y\|^2 &= \lambda^2(x_1 \pm \tau y_1)^2 + (x_1 \mp \tau y_1)^2 + (x_2 \mp \tau y_2)^2 \\ &\leqslant 1 + \tau^2 + \lambda^2(x_1^2 + \tau^2 y_1^2) + 2\tau(\lambda^2 - 1)|x_1 y_1| + 2\tau\sqrt{1 - x_1^2}\sqrt{1 - y_1^2} \\ &\leqslant 2(1 + \tau^2) + 2\tau\left(2 - \frac{2}{\lambda^2}\right). \end{aligned} \tag{2.5.19}$$

因此, (2.5.17)-(2.5.19) 蕴含 (2.5.16).

(II) $1 < \lambda \leqslant \sqrt{2}$. 令 $x = (x_1, x_2), y = (y_1, y_2)$, 则 (2.5.17) 和 (2.5.18) 也成立. 对第三种情形, 可考虑函数

$$F(u, v) = \lambda^2(u^2 + \tau^2 v^2) + 2\tau(\lambda^2 - 1)uv + 2\tau\sqrt{1 - u^2}\sqrt{1 - v^2},$$

其中 $u, v \in \left[0, \dfrac{1}{\lambda}\right]$. 应用 (2.5.15),(2.5.16) 及 (2.5.10), 有

$$\frac{1}{2} + \frac{F(0, v)}{2(1 + \tau^2)} = \frac{1}{2} + \frac{\lambda^2 \tau^2 v^2 + 2\tau\sqrt{1 - v^2}}{2(1 + \tau^2)} \leqslant 2 - \frac{1}{\lambda^2}; \tag{2.5.20}$$

$$\frac{1}{2} + \frac{F(u,0)}{2(1+\tau^2)} = \frac{1}{2} + \frac{\lambda^2 u^2 + 2\tau\sqrt{1-u^2}}{2(1+\tau^2)} \leqslant 2 - \frac{1}{\lambda^2}; \tag{2.5.21}$$

$$\frac{1}{2} + \frac{F\left(\dfrac{1}{\lambda},v\right)}{2(1+\tau^2)} = \frac{1}{2} + \frac{1 + \lambda^2\tau^2 v^2 + \dfrac{2\tau}{\lambda}[(\lambda^2-1)v + \sqrt{\lambda^2-1}\sqrt{1-v^2}]}{2(1+\tau^2)}$$

$$\leqslant 2 - \frac{1}{\lambda^2}, \tag{2.5.22}$$

及

$$\frac{1}{2} + \frac{F\left(u,\dfrac{1}{\lambda}\right)}{2(1+\tau^2)}$$

$$= \frac{1}{2} + \frac{\tau^2 + \lambda^2 u^2 + \dfrac{2\tau}{\lambda}[(\lambda^2-1)u + \sqrt{\lambda^2-1}\sqrt{1-u^2}]}{2(1+\tau^2)}$$

$$\leqslant \frac{1}{2} + \frac{1 + \lambda^2\tau^2 u^2 + \dfrac{2\tau}{\lambda}[(\lambda^2-1)u + \sqrt{\lambda^2-1}\sqrt{1-u^2}]}{2(1+\tau^2)}$$

$$\leqslant 2 - \frac{1}{\lambda^2}. \tag{2.5.23}$$

因此应用 (2.5.19)–(2.5.23) 和引理 2.5.2 就有

$$\frac{\|x+\tau y\|^2 + \|x-\tau y\|^2}{2(1+\tau^2)}$$

$$\leqslant \frac{1}{2} + \frac{F(|x_1|,|y_1|)}{2(1+\tau^2)}$$

$$\leqslant \frac{1}{2} + \max\left\{\frac{F(u,v)}{2(1+\tau^2)}\,\middle|\,(u,v)\in\partial\left[0,\frac{1}{\lambda}\right]\times\left[0,\frac{1}{\lambda}\right]\right\}$$

$$\leqslant 2 - \frac{1}{\lambda^2}.$$

因此, (2.5.16) 成立. (2.5.16) 就蕴含 $C_{\mathrm{NJ}}(\mathbb{R}_\lambda^2) \leqslant 2 - \dfrac{1}{\lambda^2}$. 另一方面若令 $x = \left(\dfrac{1}{\lambda}, \sqrt{1-\dfrac{1}{\lambda^2}}\right), y = \left(\dfrac{1}{\lambda}, -\sqrt{1-\dfrac{1}{\lambda^2}}\right)$, 则有

$$C_{\mathrm{NJ}}(\mathbb{R}_\lambda^2) \geqslant \frac{\|x+y\|^2 + \|x-y\|^2}{4} = 2 - \frac{1}{\lambda^2}.$$

推论 2.5.1   如果 $1 \leqslant \lambda < 1 + \dfrac{\sqrt{3}}{3}$, 则 Banas-Fraczieck 空间 $\mathbb{R}_\lambda^2$ 和它的对偶空间都有一致正规结构.

证明　因为 $1 \leqslant \lambda < 1 + \dfrac{\sqrt{3}}{3}$ 蕴含

$$C_{\mathrm{NJ}}(\mathbb{R}_\lambda^2) \leqslant 2 - \frac{1}{\lambda^2} < \frac{1 + \sqrt{3}}{2}.$$

故根据 Satit Saejung 的一个结果[58], 可得结论成立.

2.6　$Z_{p,q}$ 空间的 James 常数
与 von Neumann-Jordan 常数

例 2.6.1 ([79])　令 $\lambda > 0, X_\lambda = \mathbb{R}^2$ 赋予范数

$$|x|_\lambda = (\|x\|_p^2 + \lambda \|x\|_q^2)^{\frac{1}{2}}.$$

(i) 若 $2 \leqslant p \leqslant q \leqslant \infty$, 则 $J(X_\lambda) = 2\sqrt{\dfrac{\lambda + 1}{2^{\frac{2}{p}} + \lambda 2^{\frac{2}{q}}}}$, 且

$$C_{\mathrm{NJ}}(X_\lambda) = C'_{\mathrm{NJ}}(X_\lambda) = \frac{2(\lambda + 1)}{2^{\frac{2}{p}} + \lambda 2^{\frac{2}{q}}}.$$

(ii) 若 $1 \leqslant p \leqslant q \leqslant 2$, 则 $J(X_\lambda) = \sqrt{\dfrac{2^{\frac{2}{p}} + \lambda 2^{\frac{2}{q}}}{\lambda + 1}}$, 且

$$C_{\mathrm{NJ}}(X_\lambda) = C'_{\mathrm{NJ}}(X_\lambda) = \frac{2^{\frac{2}{p}} + \lambda 2^{\frac{2}{q}}}{2(\lambda + 1)}.$$

证明　(i) 先看有下述不等式成立:

$$\|x\|_p^2 (1 + \lambda 2^{\frac{2}{q} - \frac{2}{p}}) \leqslant |x|_\lambda^2 \leqslant (\lambda + 1)\|x\|_p^2. \tag{2.6.1}$$

事实上, 右边显然成立, 且由 Hölder 不等式有

$$\|x\|_p^2 \leqslant 2^{\frac{2}{p} - \frac{2}{q}} \|x\|_q^2.$$

故 (2.6.1) 成立. 由引理 2.4.1, 和 $J((\mathbb{R}^2, \|\cdot\|_p)) = 2^{1-\frac{1}{p}}$ 且 $C_{\mathrm{NJ}}((\mathbb{R}^2, \|\cdot\|_p)) = 2^{1-\frac{2}{p}}$, 有

$$C_{\mathrm{NJ}}(X_\lambda) \leqslant \frac{2(\lambda + 1)}{2^{\frac{2}{p}} + \lambda 2^{\frac{2}{q}}},$$

及

$$J(X_\lambda) \leqslant 2\sqrt{\frac{\lambda+1}{2^{\frac{2}{p}}+\lambda 2^{\frac{2}{q}}}}.$$

现令 $x = \left(\dfrac{a}{2^{\frac{2}{p}}}, \dfrac{a}{2^{\frac{2}{p}}}\right)$, 及 $y = \left(\dfrac{a}{2^{\frac{2}{p}}}, -\dfrac{a}{2^{\frac{2}{p}}}\right)$, 其中 $a = \dfrac{2^{\frac{2}{p}}}{\sqrt{2^{\frac{2}{p}}+\lambda 2^{\frac{2}{q}}}}$. 则 $\|x\|_\lambda = \|y\|_\lambda = 1, x+y = \left(\dfrac{2a}{2^{\frac{2}{p}}}, 0\right), x-y = \left(0, \dfrac{2a}{2^{\frac{2}{p}}}\right)$. 因此,

$$C_{\mathrm{NJ}}(X_\lambda) \geqslant C'_{\mathrm{NJ}}(X_\lambda) \geqslant \frac{2(\lambda+1)}{2^{\frac{2}{p}}+\lambda 2^{\frac{2}{q}}}.$$

及

$$J(X_\lambda) \geqslant 2\sqrt{\frac{\lambda+1}{2^{\frac{2}{p}}+\lambda 2^{\frac{2}{q}}}}.$$

(ii) 利用 Hölder 不等式, 又有

$$\|x\|_q^2(\lambda+1) \leqslant |x|_\lambda^2 \leqslant (\lambda + 2^{\frac{2}{p}-\frac{2}{q}})\|x\|_q^2.$$

应用引理 2.4.1, $J\left((\mathbb{R}^2, \|\cdot\|_q)\right) = 2^{\frac{1}{q}}$ 及 $C_{\mathrm{NJ}}\left((\mathbb{R}^2, \|\cdot\|_q)\right) = 2^{\frac{2}{q}-1}$, 于是有

$$C_{\mathrm{NJ}}(X_\lambda) \leqslant \frac{2^{\frac{2}{p}}+\lambda 2^{\frac{2}{q}}}{2(\lambda+1)},$$

及

$$J(X_\lambda) \leqslant \sqrt{\frac{2^{\frac{2}{p}}+\lambda 2^{\frac{2}{q}}}{\lambda+1}}.$$

再令 $x = \left(\dfrac{a}{2^{\frac{2}{p}}}, 0\right), y = \left(0, -\dfrac{a}{2^{\frac{2}{p}}}\right)$, 其中 $a = \dfrac{2^{\frac{2}{p}}}{\sqrt{\lambda+1}}$. 则 $\|x\|_\lambda = \|y\|_\lambda = 1, x+y = \left(\dfrac{a}{2^{\frac{2}{p}}}, -\dfrac{a}{2^{\frac{2}{p}}}\right)$, 且 $x-y = \left(\dfrac{a}{2^{\frac{2}{p}}}, \dfrac{a}{2^{\frac{2}{p}}}\right)$. 因此

$$C_{\mathrm{NJ}}(X_\lambda) \geqslant C'_{\mathrm{NJ}}(X_\lambda) \geqslant \frac{2^{\frac{2}{p}}+\lambda 2^{\frac{2}{q}}}{2(\lambda+1)},$$

且

$$J(X_\lambda) \geqslant \sqrt{\frac{2^{\frac{2}{p}}+\lambda 2^{\frac{2}{q}}}{\lambda+1}}.$$

当 $1 \leqslant p \leqslant 2 \leqslant q \leqslant \infty$ 时, 该空间的 James 常数和 von Neumann-Jordan 常数有下列估计.

定理 2.6.1 ([79])　　设 $\lambda > 0, Z_{p,q} = \mathbb{R}^2$ 赋予范数 $|x|_{p,q} = (\|x\|_p^2 + \lambda\|x\|_q^2)^{\frac{1}{2}}$. 若 $1 \leqslant p \leqslant 2 \leqslant q \leqslant \infty$, 则

$$\max\left\{\frac{2(\lambda+1)}{2^{\frac{2}{p}}+\lambda 2^{\frac{2}{q}}}, \frac{2^{\frac{2}{p}}+\lambda 2^{\frac{2}{q}}}{2(\lambda+1)}\right\} \leqslant C_{\mathrm{NJ}}(Z_{p,q}) \leqslant \frac{2^{\frac{2}{p}}+2\lambda}{2^{\frac{2}{q}}\lambda+2}, \tag{2.6.2}$$

$$\max\left\{2\sqrt{\frac{\lambda+1}{2^{\frac{2}{p}}+\lambda 2^{\frac{2}{q}}}}, \sqrt{\frac{2^{\frac{2}{p}}+\lambda 2^{\frac{2}{q}}}{\lambda+1}}\right\} \leqslant J(Z_{p,q}) \leqslant \sqrt{\frac{2(2^{\frac{2}{p}}+2\lambda)}{2^{\frac{2}{q}}\lambda+2}}. \tag{2.6.3}$$

证明　　(i) 首先, 证明 (2.6.2) 成立:

令 $x, y \in Z_{p,q}$, 由 $C_{\mathrm{NJ}}(Z_{p,2})$ 和 $C_{\mathrm{NJ}}(Z_{2,q})$ 的精确值, 可得

$$|x+y|_{p,q}^2 + |x-y|_{p,q}^2$$
$$= \|x+y\|_p^2 + \lambda\|x+y\|_q^2 + \|x-y\|_p^2 + \lambda\|x-y\|_q^2$$
$$= |x+y|_{p,2}^2 + |x-y|_{p,2}^2 + |x+y|_{2,q}^2 + |x-y|_{2,q}^2 - (1+\lambda)(\|x+y\|_2^2 + \|x-y\|_2^2)$$
$$\leqslant \frac{2^{\frac{2}{p}}+2\lambda}{2(\lambda+1)} 2(|x|_{p,2}^2 + |y|_{p,2}^2) + \frac{2(1+\lambda)}{2+\lambda 2^{\frac{2}{q}}} 2(|x|_{2,q}^2 + |y|_{2,q}^2) - 2(1+\lambda)(\|x\|_2^2 + \|y\|_2^2)$$
$$= \frac{2^{\frac{2}{p}}+2\lambda}{\lambda+1}(\|x\|_p^2 + \|y\|_p^2) + \frac{4(1+\lambda)}{2+\lambda 2^{\frac{2}{q}}}\lambda(\|x\|_q^2 + \|y\|_q^2)$$
$$\quad + \left[\frac{\lambda(2\lambda+2^{\frac{2}{p}})}{1+\lambda} + \frac{4(1+\lambda)}{2+\lambda 2^{\frac{2}{q}}} - 2(1+\lambda)\right](\|x\|_2^2 + \|y\|_2^2).$$

令

$$\alpha = \frac{2(2^{\frac{2}{p}}+2\lambda)}{2+\lambda 2^{\frac{2}{q}}} - \frac{2\lambda+2^{\frac{2}{p}}}{1+\lambda}, \quad \beta = \frac{2^{\frac{2}{q}}(2^{\frac{2}{p}}-2)\lambda}{2^{\frac{2}{q}}\lambda+2},$$

则

$$\alpha + \beta = \frac{2(2^{\frac{2}{p}}+2\lambda)}{2+\lambda 2^{\frac{2}{q}}} - \frac{2\lambda+2^{\frac{2}{p}}}{1+\lambda} + \frac{2^{\frac{2}{q}}(2^{\frac{2}{p}}-2)\lambda}{2^{\frac{2}{q}}\lambda+2}$$
$$= 2^{\frac{2}{p}} + \frac{4\lambda - 2^{1+\frac{2}{q}}\lambda}{2+\lambda 2^{\frac{2}{q}}} - \frac{2\lambda+2^{\frac{2}{p}}}{1+\lambda}$$
$$= \frac{\lambda(2\lambda+2^{\frac{2}{p}})}{1+\lambda} + \frac{4(1+\lambda)}{2+\lambda 2^{\frac{2}{q}}} - 2(1+\lambda).$$

因为 $\|x\|_2 \leqslant \|x\|_p, \|y\|_2 \leqslant \|y\|_p$ 及 $\|x\|_2 \leqslant 2^{\frac{1}{2}-\frac{1}{q}} \|x\|_q, \|y\|_2 \leqslant 2^{\frac{1}{2}-\frac{1}{q}} |y\|_q$, 故

$$
\begin{aligned}
&|x+y|^2_{p,q} + |x-y|^2_{p,q} \\
&\leqslant \left[\frac{2^{\frac{2}{p}} + 2\lambda}{\lambda+1} + \alpha \right] (\|x\|_p^2 + \|y\|_p^2) + \left[\frac{4(1+\lambda)\lambda}{2+\lambda 2^{\frac{2}{q}}} + \beta 2^{1-\frac{2}{q}} \right] (\|x\|_q^2 + \|y\|_q^2) \\
&= 2\frac{2^{\frac{2}{p}} + 2\lambda}{2^{\frac{2}{q}}\lambda + 2}(|x|^2_{p,q} + |y|^2_{p,q}).
\end{aligned}
$$

于是有

$$
C_{\mathrm{NJ}}(Z_{p,q}) \leqslant \frac{2^{\frac{2}{p}} + 2\lambda}{2^{\frac{2}{q}}\lambda + 2},
$$

再由定理 2.1.2, 有

$$
J(Z_{p,q}) \leqslant \sqrt{2C_{\mathrm{NJ}}(Z_{p,q})} \leqslant \sqrt{\frac{2(2^{\frac{2}{p}} + 2\lambda)}{2^{\frac{2}{q}}\lambda + 2}}.
$$

再令 $x = \left(\frac{a}{2^{\frac{2}{p}}}, \frac{a}{2^{\frac{2}{p}}} \right)$, 及 $y = \left(\frac{a}{2^{\frac{2}{p}}}, -\frac{a}{2^{\frac{2}{p}}} \right)$, 其中 $a = \dfrac{2^{\frac{2}{p}}}{\sqrt{2^{\frac{2}{p}} + \lambda 2^{\frac{2}{q}}}}$. 则 $\|x\|_\lambda = \|y\|_\lambda = 1, x + y = \left(\frac{2a}{2^{\frac{2}{p}}}, 0 \right), x - y = \left(0, \frac{2a}{2^{\frac{2}{p}}} \right)$. 故

$$
C_{\mathrm{NJ}}(Z_{p,q}) \geqslant \frac{2(\lambda+1)}{2^{\frac{2}{p}} + \lambda 2^{\frac{2}{q}}},
$$

及

$$
J(Z_{p,q}) \geqslant 2\sqrt{\frac{\lambda+1}{2^{\frac{2}{p}} + \lambda 2^{\frac{2}{q}}}}.
$$

如果令 $x = \left(\frac{a}{2^{\frac{2}{p}}}, 0 \right), y = \left(0, -\frac{a}{2^{\frac{2}{p}}} \right)$, 其中 $a = \dfrac{2^{\frac{2}{p}}}{\sqrt{\lambda+1}}$. 则

$$
\|x\|_\lambda = \|y\|_\lambda = 1, \quad x + y = \left(\frac{a}{2^{\frac{2}{p}}}, -\frac{a}{2^{\frac{2}{p}}} \right), \quad x - y = \left(\frac{a}{2^{\frac{2}{p}}}, \frac{a}{2^{\frac{2}{p}}} \right).
$$

故又有

$$
C_{\mathrm{NJ}}(Z_{p,q}) \geqslant \frac{2^{\frac{2}{p}} + \lambda 2^{\frac{2}{q}}}{2(\lambda+1)},
$$

及

$$
J(Z_{p,q}) \geqslant \sqrt{\frac{2^{\frac{2}{p}} + \lambda 2^{\frac{2}{q}}}{\lambda+1}}.
$$

利用定理 2.6.1, 有下述结果.

推论 2.6.1([79])　(1) 若 $\dfrac{\ln 2}{\ln 2 - \ln(\sqrt{5}-1)} < p \leqslant 2 < \dfrac{\ln 2}{\ln(\sqrt{5}-1)} < q$, 及

$0 < \lambda < \dfrac{2-(3-\sqrt{5})2^{\frac{2}{p}}}{6-2\sqrt{5}-2^{\frac{2}{q}}}$, 则 $Z_{p,q}$ 具有一致正规结构.

　　(2) 如果 $1 \leqslant p < \dfrac{\ln 2}{\ln 2 - \ln(\sqrt{5}-1)} < 2 \leqslant q < \dfrac{\ln 2}{\ln(\sqrt{5}-1)}$, 且 $\lambda > \dfrac{2-(3-\sqrt{5})2^{\frac{2}{p}}}{6-2\sqrt{5}-2^{\frac{2}{q}}}$,

则 $Z_{p,q}$ 具有一致正规结构.

证明　(1) 由 $\dfrac{\ln 2}{\ln 2 - \ln(\sqrt{5}-1)} < p$, 可知 $2^{\frac{1}{p}} < \dfrac{2}{\sqrt{5}-1}$, 且 $(3-\sqrt{5})2^{\frac{2}{p}} < 2$.

另一方面, 由 $\dfrac{\ln 2}{\ln(\sqrt{5}-1)} < q$, 可得 $6-2\sqrt{5} > 2^{\frac{2}{q}}$. 因此, 利用 $\dfrac{6+2\sqrt{5}-4\cdot 2^{\frac{2}{p}}}{8-(3+\sqrt{5})2^{\frac{2}{q}}} =$

$\dfrac{2-(3-\sqrt{5})2^{\frac{2}{p}}}{6-2\sqrt{5}-2^{\frac{2}{q}}}$ 可知 $0 < \lambda < \dfrac{2-(3-\sqrt{5})2^{\frac{2}{p}}}{6-2\sqrt{5}-2^{\frac{2}{q}}}$ 等价于

$$\frac{2^{\frac{2}{p}}+2\lambda}{2^{\frac{2}{q}}\lambda+2} < \frac{3+\sqrt{5}}{4}.$$

由定理 2.6.1, 得 $C_{\mathrm{NJ}}(Z_{p,q}) < \dfrac{3+\sqrt{5}}{4}$. 因此, $Z_{p,q}$ 具有一致正规结构.

　　(2) 该部分的证明类似 (1), 故省略.

下面给出该空间的 C_{NJ} 常数的精确值.

定理 2.6.2 ([77])　设 $\lambda > 0, 1 \leqslant p < 2 < q < \infty$ 且 $Z_{p,q} = \mathbb{R}^2$ 赋予下列范数

$$|x|_{p,q} = (\|x\|_p^2 + \lambda\|x\|_q^2)^{\frac{1}{2}}.$$

(i) 如果 $0 < \lambda \leqslant \dfrac{(2-p)2^{\frac{2}{p}}}{(q-2)2^{\frac{2}{q}}}$, 则

$$C_{\mathrm{NJ}}(Z_{p,q}) = C'_{\mathrm{NJ}}(Z_{p,q}) = \frac{2^{\frac{2}{p}}+\lambda 2^{\frac{2}{q}}}{2(1+\lambda)}. \tag{2.6.4}$$

(ii) 如果 $\dfrac{(2-p)2^{\frac{2}{p}}}{(q-2)2^{\frac{2}{q}}} < \lambda \leqslant \dfrac{2^{\frac{2}{p}}-2}{2-2^{\frac{2}{q}}}$, 则

$$C_{\mathrm{NJ}}(Z_{p,q}) = \frac{(1+v^p)^{\frac{2}{p}}+\lambda(1+v^q)^{\frac{2}{q}}}{(1+\lambda)(1+v^2)}, \tag{2.6.5}$$

其中 v 是下列方程的唯一解:

$$\lambda = \frac{(1+v^p)^{\frac{2}{p}-1}(v^2-v^p)}{(1+v^q)^{\frac{2}{q}-1}(v^q-v^2)}. \tag{2.6.6}$$

(iii) 如果 $\dfrac{2^{\frac{2}{p}}-2}{2-2^{\frac{2}{q}}} \leqslant \lambda < \infty$, 则

$$C_{\mathrm{NJ}}(Z_{p,q}) = \frac{2[(1+v^p)^{\frac{2}{p}} + \lambda(1+v^q)^{\frac{2}{q}}]}{(2^{\frac{2}{p}} + \lambda 2^{\frac{2}{q}})(1+v^2)}, \tag{2.6.7}$$

其中 v 也是方程 (2.6.6) 的唯一解.

在证明该结果以前, 下给出下列引理.

引理 2.6.1   若 $1 \leqslant p < 2 < q < \infty$, 则

$$\frac{(2-p)2^{\frac{2}{p}}}{(q-2)2^{\frac{2}{q}}} < \frac{2^{\frac{2}{p}}-2}{2-2^{\frac{2}{q}}}.$$

证明   只需证

$$(2-p) + (q-2)2^{\frac{2}{q}-\frac{2}{p}} - (q-p)2^{\frac{2}{q}-1} < 0.$$

现令 $f(p) = (2-p) + (q-2)2^{\frac{2}{q}-\frac{2}{p}} - (q-p)2^{\frac{2}{q}-1}$, 则有

$$f'(p) = -1 + (q-2)2^{\frac{2}{q}-\frac{2}{p}}\frac{2\ln 2}{p^2} + 2^{\frac{2}{q}-1},$$

及

$$f''(p) = (q-2)2^{\frac{2}{q}-\frac{2}{p}}\frac{4\ln 2}{p^4}(\ln 2 - p) < 0.$$

故

$$f'(p) > f'(2) = \frac{1}{4}[-4 + 2^{1+\frac{2}{q}} + 2^{\frac{2}{q}}(q-2)\ln 2].$$

假设 $h(q) = -4 + 2^{1+\frac{2}{q}} + 2^{\frac{2}{q}}(q-2)\ln 2$, 则有 $h'(q) = 2^{\frac{2}{q}}\dfrac{(q-2)\ln 2}{q^2}(q+2-2\ln 2) > 0$, 故 $h(q) > h(2) = 0$. 因此, $f'(p) > 0$, $f(p) < f(2) = 0$.

引理 2.6.2   若 $1 \leqslant p < 2 < q < \infty$ 且 $v > 1$, 则

(i) $q(q-1)(1+v^{2q-2}) - p(p-1)(v^{p+q-2} + v^{q-p}) > 0$;

(ii) $(2-p)(1+v^q)(1-v^{2-q}) - (q-2)(1+v^p)(v^{2-p}-1) > 0$;

(iii) $J(v) \equiv \dfrac{(1+v^p)^{\frac{2}{p}-1}(v^p-v^2)}{(1+v^q)^{\frac{2}{q}-1}(v^2-v^q)}$ 在 $(1,+\infty)$ 上单调增加且 $J(v) > \dfrac{(2-p)2^{\frac{2}{p}}}{(q-2)2^{\frac{2}{q}}}$.

证明   (i) 令 $g(v) = q(q-1)(1+v^{2q-2}) - p(p-1)(v^{p+q-2} + v^{q-p})$, 则

$$g'(v) = v^{2q-3}[2q(q-1)^2 - p(p-1)(q+p-2)v^{p-q} - p(p-1)(q-p)v^{2-q-p}]$$

$$\geqslant v^{2q-3}[2q(q-1)^2 - p(p-1)(q+p-2) - p(p-1)(q-p)]$$

$$= 2(q-1)v^{2q-3}[q(q-1) - p(p-1)] > 0.$$

故 $g(v) > g(1) > 0$.

(ii) 现设 $h(v) = (2-p)(1+v^q)(1-v^{2-q}) - (q-2)(1+v^p)(v^{2-p}-1)$, 则有

$$h'(v) = -2(q-p)v + (2-p)qv^{q-1} - (2-q)(2-p)v^{1-q}$$
$$+ p(q-2)v^{p-1} - (q-2)(2-p)v^{1-p};$$
$$h''(v) = -2(q-p) + (2-p)q(q-1)v^{q-2} - (2-q)(2-p)(1-q)v^{-q}$$
$$+ p(p-1)(q-2)v^{p-2} - (q-2)(2-p)(1-p)v^{-p};$$

及

$$h'''(v) = v^{-q-1}(2-p)(q-2)g(v).$$

由 (i), 可知 $h'''(v) > 0$ 且 $h''(v) > h''(1) = 0$. 故有 $h'(v) > h'(1) = 0$ 进而 $h(v) > h(1) = 0$.

(iii) 因为 $J(v) = \dfrac{(1+v^p)^{\frac{2}{p}-1}(v^{p-2}-1)}{(1+v^q)^{\frac{2}{q}-1}(1-v^{q-2})}$, 由 (ii) 可得

$$J'(v) = \frac{(1+v^p)^{\frac{2}{p}-2}}{(1+v^q)^{\frac{2}{q}}}(1-v^{q-2})^{-2}\{(1+v^q)(1-v^{q-2})[(2-p)(v^{2p-3}-v^{p-1})$$
$$+ (1+v^p)(p-2)v^{p-3}] - (1+v^p)(v^{p-2}-1)[(2-q)v^{q-1}(1-v^{q-2})$$
$$- (q-2)v^{q-3}(1+v^q)]\}$$
$$= \frac{(1+v^p)^{\frac{2}{p}-2}}{(1+v^q)^{\frac{2}{q}}}(1+v^2)(v^2-v^q)^{-2}v^{p+q-1}[(2-p)(1+v^q)(1-v^{2-q})$$
$$- (q-2)(1+v^p)(v^{2-p}-1)] > 0.$$

因此 $J(v)$ 是增加的且 $J(v) > \lim_{v \to 1+} J(v) = \dfrac{(2-p)2^{\frac{2}{p}}}{(q-2)2^{\frac{2}{q}}}$.

设 Ψ_2 表示 $[0,1]$ 上一切满足 $\psi(0) = \psi(1) = 1$ 且 $\max\{1-t, t\} \leqslant \psi(t) \leqslant 1$ 的连续凸函数 ψ 组成的集合. 而 $\mathbb{R}^2$ 上的一个范数 $\|\cdot\|$ 如果满足 $\|(x,y)\| = \|(|x|,|y|)\|$, 则称它是绝对的, 如果它又满足 $\|(1,0)\| = \|(0,1)\| = 1$, 则称它是绝对正规的. 我们知道从 Ψ_2 到绝对正规范数组成的集合之间存在一个一一对应: $\psi(t) = \|(1-t,t)\|$.

引理 2.6.3([55])   令 $\psi \in \Psi_2$, $M_2 = \max\limits_{0 \leqslant t \leqslant 1} \dfrac{\psi_2(t)}{\psi(t)}$ 及 $M_1 = \max\limits_{0 \leqslant t \leqslant 1} \dfrac{\psi(t)}{\psi_2(t)}$. 则

(i) $\max\{M_1^2, M_2^2\} \leqslant C_{\mathrm{NJ}}(\|\cdot\|_\psi) \leqslant M_1^2 M_2^2$;

(ii) 令 $\psi \in \Psi_2$ 及 $\psi(t) = \psi(1-t)$ 于 $[0,1]$ 上. 若 ψ/ψ_2 在 $t = 1/2$ 达到最大或最小值, 则 $C_{\mathrm{NJ}}(\|\cdot\|_\psi) = M_1^2 M_2^2$;

(iii) 令 $\psi \in \Psi_2$ 及 $\psi(t) = \psi(1-t)$ [0,1] 上. 若 ψ/ψ_2 在 $t = 1/2$ 达最大值, 则 $C_{\mathrm{NJ}}(\|\cdot\|_\psi) = C'_{\mathrm{NJ}}(\|\cdot\|_\psi) = M_1^2 M_2^2$.

下面给出定理 2.6.2 的证明.

令 $f(u) = \dfrac{(1+u^p)^{\frac{2}{p}} + \lambda(1+u^q)^{\frac{2}{q}}}{1+u^2}$, 其中 $u \in [0,1]$ 及 $w = \dfrac{1}{u}$, 则有

$$
\begin{aligned}
f'(u) =& \frac{2u}{(1+u^2)^2}\{(1+u^p)^{\frac{2}{p}-1}(u^{p-2}+u^p) + \lambda(1+u^q)^{\frac{2}{q}-1}(u^{q-2}+u^q) \\
& - (1+u^p)^{\frac{2}{p}} - \lambda(1+u^q)^{\frac{2}{q}}\} \\
=& \frac{2u}{(1+u^2)^2}\{\lambda(1+u^q)^{\frac{2}{q}-1}(u^{q-2}-1) - (1+u^p)^{\frac{2}{p}-1}(1-u^{p-2})\} \\
=& \frac{2w}{(1+w^2)^2}(1+w^q)^{\frac{2}{q}-1}(w^2-w^q)\left\{\lambda - \frac{(1+w^p)^{\frac{2}{p}-1}(w^2-w^p)}{(1+w^q)^{\frac{2}{q}-1}(w^q-w^2)}\right\}.
\end{aligned}
$$

(i) 如果 $0 < \lambda \leqslant \dfrac{(2-p)2^{\frac{2}{p}}}{(q-2)2^{\frac{2}{q}}}$, 则由引理 2.6.2 知 $f'(u) > 0$ 于 [0,1] 上, 故 $f(u)$ 在 $u = 1$ 达最大值且在 $u = 0$ 达最小值. 由于

$$
\begin{aligned}
\frac{\psi_{p,q}^2(t)}{\psi_2^2(t)} &= \frac{(t^p + (1-t)^p)^{\frac{2}{p}} + \lambda(t^q + (1-t)^q)^{\frac{2}{q}}}{(t^2 + (1-t)^2)(1+\lambda)} \\
&= \frac{(1+u^p)^{\frac{2}{p}} + \lambda(1+u^q)^{\frac{2}{q}}}{(1+u^2)(1+\lambda)},
\end{aligned}
$$

对 $u = \dfrac{t}{1-t}$ 成立, 故由引理 2.6.3 (iii) 知 (2.6.4) 成立.

(ii) 若 $\dfrac{(2-p)2^{\frac{2}{p}}}{(q-2)2^{\frac{2}{q}}} < \lambda \leqslant \dfrac{2^{\frac{2}{p}}-2}{2-2^{\frac{2}{q}}}$, 则由引理 2.6.2 可知, $f'(u) > 0$ 对 $u \in \left(0, \dfrac{1}{v}\right)$ (i.e. $w \in (v, +\infty)$) 且 $f'(u) < 0$ 对 $u \in \left(\dfrac{1}{v}, 1\right)$ (i.e. $w \in (1, v)$). 因此该函数在 $u = \dfrac{1}{v}$ 达最大值, 在 $u = 0$ 达最小值 1, 其中 v 是方程 (2.6.6) 的唯一解. 故引理 2.6.3 (i) 蕴含

$$
C_{\mathrm{NJ}}(Z_{p,q}) \leqslant \frac{(1+v^p)^{\frac{2}{p}} + \lambda(1+v^q)^{\frac{2}{q}}}{(1+\lambda)(1+v^2)}.
$$

若令 $x_0 = (1,0)$ 及 $y_0 = (0,v)$. 则 $\|x_0 + y_0\|^2 = \|x_0 - y_0\|^2 = (1+v^p)^{\frac{2}{p}} + \lambda(1+v^q)^{\frac{2}{q}}$, 且

$$
C_{\mathrm{NJ}}(Z_{p,q}) \geqslant \frac{(1+v^p)^{\frac{2}{p}} + \lambda(1+v^q)^{\frac{2}{q}}}{(1+\lambda)(1+v^2)}.
$$

故 (2.6.5) 成立.

(iii) 如果 $\dfrac{2^{\frac{2}{p}} - 2}{2 - 2^{\frac{2}{q}}} \leqslant \lambda < \infty$, 则 $f(u)$ 在 $u = \dfrac{1}{v}$ 达最大值且在 $u = 1$ 达最小值, 其中 v 是方程 (2.6.6) 的唯一解. 故由引理 2.6.3(ii) 有

$$C_{\mathrm{NJ}}(Z_{p,q}) = \frac{2[(1 + v^p)^{\frac{2}{p}} + \lambda(1 + v^q)^{\frac{2}{q}}]}{(2^{\frac{2}{p}} + \lambda 2^{\frac{2}{q}})(1 + v^2)}.$$

当 $q = \infty$ 时, 类似可得

定理 2.6.3 令 $\lambda > 0, 1 \leqslant p < 2 < q = \infty$ 及 $Z_{p,q} = \mathbb{R}^2$ 赋予范数:

$$|x|_{p,q} = (\|x\|_p^2 + \lambda\|x\|_q^2)^{\frac{1}{2}}.$$

(i) 如果 $0 < \lambda \leqslant 2^{\frac{2}{p}} - 2$, 则

$$C_{\mathrm{NJ}}(Z_{p,q}) = \frac{(1 + v^p)^{\frac{2}{p}} + \lambda v^2}{(1 + \lambda)(1 + v^2)}, \tag{2.6.8}$$

其中 v 是下列方程的唯一解

$$\lambda = \frac{(1 + v^p)^{\frac{2}{p} - 1}(v^2 - v^p)}{v^2}. \tag{2.6.9}$$

(ii) 若 $2^{\frac{2}{p}} - 2 \leqslant \lambda < \infty$, 则

$$C_{\mathrm{NJ}}(Z_{p,q}) = \frac{2[(1 + v^p)^{\frac{2}{p}} + \lambda v^2]}{(2^{\frac{2}{p}} + \lambda)(1 + v^2)}, \tag{2.6.10}$$

其中 v 仍是方程 (2.6.9) 的唯一解.

特别地, 有

$$C_{\mathrm{NJ}}(Z_{1,+\infty}) = \begin{cases} \dfrac{2 + \lambda + \sqrt{\lambda^2 + 4}}{2(1 + \lambda)}, & 0 < \lambda \leqslant 2; \\[4mm] \dfrac{2 + \lambda + \sqrt{\lambda^2 + 4}}{4 + \lambda}, & 2 \leqslant \lambda < \infty. \end{cases}$$

2.7 Bynum 空间的 James 常数
与 von Neumann-Jordan 常数

如果把 l_p 空间重新赋范为

$$\|x\|_{p,\infty} = \max\{\|x^+\|_p, \|x^-\|_p\},$$

则称该空间为 Bynum 空间, 其中 $x^+ = \{x^+(i)\}, x^+(i) = \max\{x(i), 0\}$, 而 $x^- = x^+ - x$. 通过分别考虑下面两组向量 $x = (1, 1, 0, \cdots), y = (2, -2, 0, \cdots)$; $x = \left(\dfrac{1}{\sqrt{2}}, \dfrac{1}{\sqrt{2}}, 0, \cdots\right), y = (1, -1, 0, \cdots)$ 不难得出

$$C_{\mathrm{NJ}}(l_{2,\infty}) \geqslant \frac{3}{2}; \quad J(l_{2,\infty}) \geqslant 1 + \frac{1}{\sqrt{2}}.$$

下面给出这两个常数的精确值.

定理 2.7.1([37]) $C_{\mathrm{NJ}}(l_{2,\infty}) = \dfrac{3}{2}; J(l_{2,\infty}) = 1 + \dfrac{1}{\sqrt{2}}.$

证明   令 $c(x,y) = \dfrac{\|x+y\|_{2,\infty}^2 + \|x-y\|_{2,\infty}^2}{2(\|x\|_{2,\infty}^2 + \|y\|_{2,\infty}^2)}$, $j(x,y) = \min\{\|x+y\|_{2,\infty}, \|x-y\|_{2,\infty}\}$. 只需证明当 $\|x\|_{2,\infty} \leqslant 1, \|y\|_{2,\infty} \leqslant 1$ 时有

$$c(x,y) \leqslant \frac{3}{2}; \quad j(x,y) \leqslant 1 + \frac{1}{\sqrt{2}}.$$

首先, 我们说明只要证明上式对满足下述三个条件的 $x, y \in B_{l_{2,\infty}}$ 成立即可.

(a.1) $\|x+y\|_{2,\infty} = \|(x+y)^+\|_2$;

(a.2) $\|x-y\|_{2,\infty} = \|(x-y)^+\|_2$;

(a.3) $x = x^+$.

事实上, 对任意的 $u, v \in B_{l_{2,\infty}}$, 存在 $x, y \in B_{l_{2,\infty}}$ 使得

(a) $\|x\|_{2,\infty} \leqslant \|u\|_{2,\infty}, \|y\|_{2,\infty} \leqslant \|v\|_{2,\infty}$;

(b) x, y 满足 (a.1)-(a.3) 的条件;

(c) $c(u,v) \leqslant c(x,y), j(u,v) \leqslant j(x,y)$.

因为对任意的 $u, v \in B_{l_{2,\infty}}$, 不妨设 $\|u+v\|_{2,\infty} = \|(u+v)^+\|_2, \|u-v\|_{2,\infty} = \|(u-v)^+\|_2$.

现令 $x = u^+, y = v$, 则 (a) 成立, (b) 和 (c) 可根据下列不等式获得

$$\|(x+y)^-\|_2 \leqslant \|(u+v)^-\|_2 \leqslant \|(u+v)^+\|_2 \leqslant \|(x+y)^+\|_2; \qquad (2.7.1)$$

及

$$\|(x-y)^-\|_2 \leqslant \|(u-v)^-\|_2 \leqslant \|(u-v)^+\|_2 \leqslant \|(x-y)^+\|_2. \qquad (2.7.2)$$

事实上, 易见 $u(i) \leqslant x(i)$. 且对每个使得 $u(i) + v(i) \geqslant 0$ 的 i 有

$$0 \leqslant (u+v)^+(i) = u(i) + v(i) \leqslant x(i) + y(i) = (x+y)^+(i);$$

从而, $(u+v)^+(i) \leqslant (x+y)^+(i)$.

另一方面, 对每个使得 $x(i)+y(i) \leqslant 0$ 的 i 有

$$0 \leqslant (x+y)^-(i) = -x(i)-y(i) \leqslant -u(i)-v(i) = (u+v)^-(i);$$

故 $(x+y)^-(i) \leqslant (u+v)^-(i)$. 于是 (3.7.1) 成立. 类似地可证 (3.7.2) 也成立.

其次, 证明当 x,y 满足 (a.1)-(a.3) 时, 有

$$\|x+y\|_{2,\infty}^2 + \|x-y\|_{2,\infty}^2 \leqslant 2\|x\|_2^2 + 2\|y\|_2^2 - (\|P(y)\|_2 - \|P(x)\|_2)^2, \qquad (2.7.3)$$

其中对任意的 $u \in l_2$, $P(u)$ 定义为 $P(u)(i) = \begin{cases} u(i), & |y(i)| \geqslant |x(i)|, \\ 0, & |y(i)| < |x(i)|. \end{cases}$

事实上, 根据平行四边形公式和柯西施瓦茨不等式有

$$\begin{aligned}
&\|x+y\|_{2,\infty}^2 + \|x-y\|_{2,\infty}^2 \\
=&\|(x+y)^+\|_2^2 + \|(x-y)^+\|_2^2 \\
=&\|x+y\|_2^2 + \|x-y\|_2^2 - \|(x+y)^-\|_2^2 - \|(x-y)^-\|_2^2 \\
=&2\|x\|_2^2 + 2\|y\|_2^2 - \|(x+y)^-\|_2^2 - \|(x-y)^-\|_2^2 \\
=&2\|x\|_2^2 + 2\|y\|_2^2 - \|P(x)\|_2^2 - \|P(y)\|_2^2 + 2(P(x), P(y)^+ + P(y)^-) \\
\leqslant&2\|x\|_2^2 + 2\|y\|_2^2 - \|P(x)\|_2^2 - \|P(y)\|_2^2 + 2\|P(x)\|_2\|P(y)\|_2 \\
=&2\|x\|_2^2 + 2\|y\|_2^2 - (\|P(y)\|_2 - \|P(x)\|_2)^2.
\end{aligned}$$

第三步, 证明 $c(x,y) \leqslant \dfrac{3}{2}$, 其中 x,y 满足 (a.1)-(a.3). 由于 $\|y\|_2^2 = \|y\|_{2,\infty}^2 + m(y)^2$, 其中 $m(y) = \min\{\|y^+\|_2, \|y^-\|_2\}$. 故由 (3.7.3) 可知

$$\begin{aligned}
c(x,y) =& \frac{\|x+y\|_{2,\infty}^2 + \|x-y\|_{2,\infty}^2}{2(\|x\|_{2,\infty}^2 + \|y\|_{2,\infty}^2)} \\
\leqslant& \frac{2\|x\|_2^2 + 2\|y\|_2^2 - (\|P(y)\|_2 - \|P(x)\|_2)^2}{2(\|x\|_2^2 + \|y\|_{2,\infty}^2)} \\
=& 1 + \frac{2m(y)^2 - (\|P(y)\|_2 - \|P(x)\|_2)^2}{2(\|x\|_2^2 + \|y\|_{2,\infty}^2)}.
\end{aligned}$$

下面来估计 $m(y)$. 首先易见 $\|y\|_2^2 \geqslant 2m(y)^2$. 并且有 $\|y-P(y)\|_2^2 \leqslant \|x-P(x)\|_2^2$.

故

$$m(y)^2 \leqslant \frac{1}{2}\|y\|_2^2$$
$$=\frac{1}{2}(\|y - P(y)\|_2^2 + \|P(y)\|_2^2)$$
$$\leqslant \frac{1}{2}(\|x - P(x)\|_2^2 + \|P(y)\|_2^2)$$
$$=\frac{1}{2}\|x\|_2^2 + \frac{1}{2}[\|P(y)\|_2^2 - \|P(x)\|_2^2]. \tag{2.7.4}$$

再根据 $\|P(x)\|_2 \leqslant \|x\|_2$ 可知

$$m(y)^2 - (\|P(y)\|_2 - \|P(x)\|_2)^2$$
$$\leqslant \frac{1}{2}\|x\|_2^2 + \frac{1}{2}[\|P(y)\|_2^2 - \|P(x)\|_2^2] - (\|P(y)\|_2 - \|P(x)\|_2)^2$$
$$= \frac{1}{2}\|x\|_2^2 - \frac{1}{2}\|P(y)\|_2^2 + 2\|P(y)\|_2\|P(x)\|_2 - \frac{3}{2}\|P(x)\|_2^2$$
$$\leqslant \frac{1}{2}\|x\|_2^2 + \frac{1}{2}\|P(x)\|_2^2$$
$$\leqslant \|x\|_2^2.$$

因此由 $m(y) \leqslant \|y\|_{2,\infty}$ 得

$$c(x,y) \leqslant 1 + \frac{m(y)^2 + \|x\|_2^2}{2(\|x\|_2^2 + \|y\|_{2,\infty}^2)}$$
$$\leqslant 1 + \frac{\|y\|_{2,\infty}^2 + \|x\|_2^2}{2(\|x\|_2^2 + \|y\|_{2,\infty}^2)}$$
$$= \frac{3}{2}.$$

第四步, 证明 $j(x,y) \leqslant 1 + \dfrac{1}{\sqrt{2}}$ 对 $l_{2,\infty}$ 闭单位球中的点 x,y 成立.

不妨设 x,y 满足 (a.1)-(a.3). 因为 $\|y - P(y)\|_2 \leqslant \|x - P(x)\|_2$ 及 $\|x\|_2 = \|x\|_{2,\infty} \leqslant 1$, 则由 (3.7.4) 得

$$\|y\|_2 \leqslant 1 + \|P(y)\|_2^2 - \|P(x)\|_2^2.$$

于是

$$2j(x,y)^2 \leqslant \|x + y\|_{2,\infty}^2 + \|x - y\|_{2,\infty}^2$$
$$\leqslant 2\|x\|_2^2 + 2\|y\|_2^2 - (\|P(y)\|_2 - \|P(x)\|_2)^2$$
$$\leqslant 4 + 2(\|P(y)\|_2^2 - \|P(x)\|_2^2) - (\|P(y)\|_2 - \|P(x)\|_2)^2.$$

从而

$$2j(x,y)^2 \leqslant 4 + 2a - (\sqrt{a + \|P(x)\|_2^2} - \|P(x)\|_2)^2,$$

其中 $a = \|P(y)\|_2^2 - \|P(x)\|_2^2 \geqslant 0$, 及 $0 \leqslant \|P(x)\|_2 \leqslant 1$. 容易计算

$$\sqrt{a + \|P(x)\|_2^2} - \|P(x)\|_2 \geqslant \sqrt{1 + a} - 1,$$

故

$$2j(x,y)^2 \leqslant 4 + 2a - (\sqrt{a+1} - 1)^2 = 2 + a + 2\sqrt{1+a}.$$

当 $a \in [0,1]$ 时, 就有 $2j(x,y)^2 \leqslant 3 + 2\sqrt{2}$. 如果 $a > 1$, 根据 $\|x\|_2 \leqslant 1, \|y\|_2 \leqslant \sqrt{2}$, 有

$$\begin{aligned}
1 \leqslant a &= \|P(y)\|_2^2 - \|P(x)\|_2^2 \\
&= (\|P(y)\|_2 - \|P(x)\|_2)(\|P(y)\|_2 + \|P(x)\|_2) \\
&\leqslant (\|P(y)\|_2 - \|P(x)\|_2)(1 + \sqrt{2}).
\end{aligned}$$

由 (3.7.3) 可知

$$2j(x,y)^2 \leqslant 6 - \left(\frac{1}{\sqrt{2}+1}\right)^2 = 3 + 2\sqrt{2}.$$

总有 $j(x,y) \leqslant 1 + \dfrac{1}{\sqrt{2}}$.

2.8　Dunkl-Williams 常数

在 1964 年, C.F Dunkl 和 K.S. Williams 证明了, 对任意 Banach 空间中的两个非零元素 x,y 有

$$\left\|\frac{x}{\|x\|} - \frac{y}{\|y\|}\right\| \leqslant \frac{4}{\|x\| + \|y\|}\|x - y\|. \tag{2.8.1}$$

并有当 X 为 Hilbert 空间时, (2.8.1) 中的常数 4 可用 2 代替, 当 $X = (\mathbb{R}^2, \|\cdot\|_1)$ 时, 4 是最好的. 后来, W.A. Kirk 和 M.F.Smiley 证明了用 2 代替 4 在 (2.8.1) 中时, 可来特征 X 为 Hilbert 空间.

定义 2.8.1　称常数 $DW(X) = \sup\{dw(x,y) : x,y \in X, x \neq 0 \neq y, x \neq y\}$ 为 Banach 空间的 Dunkl-Williams 常数, 其中 $dw(x,y) = \dfrac{\|x\| + \|y\|}{\|x - y\|}\left\|\dfrac{x}{\|x\|} - \dfrac{y}{\|y\|}\right\|$.

由前面可知, $2 \leqslant DW(X) \leqslant 4$, 且 $DW(X) = 2$ 当且仅当 X 是 Hilbert 空间. $DW((\mathbb{R}^2, \|\cdot\|_1)) = 4$. 另一个 Dunkl-Williams 常数为 4 的空间是 $(\mathbb{R}^2, \|\cdot\|_\infty)$ 空间.

事实上, 对充分小的正数 r, 取 $x = (1,1), y = (1-r, 1+r)$ 则有

$$
\begin{aligned}
DW((\mathbb{R}^2, \|\cdot\|_\infty)) &\geqslant \frac{\|x\|_\infty + \|y\|_\infty}{\|x-y\|_\infty} \left\| \frac{x}{\|x\|_\infty} - \frac{y}{\|y\|_\infty} \right\| \\
&= \frac{2+r}{r} \left\| (1,1) - \left(\frac{1-r}{1+r}, 1 \right) \right\|_\infty \\
&= \frac{4+2r}{1+r}.
\end{aligned}
$$

令 $r \to 0^+$, 就可得所要的结果.

引理 2.8.1　设 X 是 Banach 空间, 若 B_{X^*} 中序列 (f_n) 和 B_X 中序列 (x_n) 满足 $\lim_{n\to\infty} f_n(x_n) = 1$, 则对 B_{X^*} 中任一序列 (g_n), 只要 $\lim_{n\to\infty} g_n(x_n) > 0$, 就有

$$
DW(X) \geqslant 2\max\{\liminf_{n\to\infty} \|g_n(x_n)f_n - g_n\|, 1\} \geqslant 2\max\{\liminf_{n\to\infty} g_n(x_n)\|f_n - g_n\|, 1\}.
$$

证明　因为 $DW(X) \geqslant 2$, 所以不妨设 $\liminf_{n\to\infty} \|g_n(x_n)f_n - g_n\| > 1$. 现取 $\varepsilon \in (1, \liminf_{n\to\infty} \|g_n(x_n)f_n - g_n\|)$, 故存在自然数 n_0 使得当 $n \geqslant n_0$ 时有 $\|g_n(x_n)f_n - g_n\| > \varepsilon$. 于是可找 $y_n \in S_X$ 使得 $(g_n(x_n)f_n - g_n)(y_n) > \varepsilon$. 令 $t > 0$ 充分小, 对每个充分大的 n, 记 $z_n = x_n + ty_n$. 则由 $DW(X)$ 的定义, 可得当 n 充分大时有

$$
DW(X) \geqslant \frac{\|x_n\| + \|z_n\|}{\|x_n - z_n\|} \left\| \frac{x_n}{\|x_n\|} - \frac{z_n}{\|z_n\|} \right\| = \frac{1}{t} \left(1 + \frac{\|x_n\|}{\|z_n\|} \right) \left\| \frac{\|z_n\|}{\|x_n\|} x_n - z_n \right\|.
$$

由于 $\lim_{n\to\infty} f_n(x_n) = 1$ 蕴含 $\lim_{n\to\infty} \|x_n\| = 1$, 故

$$
\begin{aligned}
DW(X) &\geqslant \frac{1}{t} \left(1 + \frac{1}{\limsup_{n\to\infty} \|z_n\|} \right) \liminf_{n\to\infty} \left\| \frac{\|z_n\|}{\|x_n\|} x_n - z_n \right\| \\
&= \frac{1}{t} \left(1 + \frac{1}{\limsup_{n\to\infty} \|z_n\|} \right) \liminf_{n\to\infty} \|\|z_n\| x_n - z_n\|.
\end{aligned}
$$

另一方面, 由 $\|z_n\| \geqslant f_n(x_n) + tf_n(y_n)$ 得

$$
\begin{aligned}
\|\|z_n\| x_n - z_n\| &= \|(\|z_n\| - 1)x_n - ty_n\| \geqslant (\|z_n\| - 1)g_n(x_n) + tg_n(-y_n) \\
&\geqslant -(1 - f_n(x_n))g_n(x_n) + t(g_n(x_n)f_n - g_n)(y_n) \\
&\geqslant -(1 - f_n(x_n)) + t\varepsilon.
\end{aligned}
$$

故 $\liminf_{n\to\infty} \|\|z_n\| x_n - z_n\| \geqslant t\varepsilon$, 从而

$$
DW(X) \geqslant \left(1 + \frac{1}{\limsup_{n\to\infty} \|z_n\|} \right) \liminf_{n\to\infty} \|\|z_n\| x_n - z_n\| \geqslant \left(\frac{1}{1+t} + 1 \right) \varepsilon.
$$

令 $t \to 0^+$, 得 $DW(X) \geqslant 2\varepsilon$. 于是 $DW(X) \geqslant 2\liminf_{n\to\infty}\|g_n(x_n)f_n - g_n\|$.

下面证明 $\max\{\liminf_{n\to\infty}\|g_n(x_n)f_n - g_n\|, 1\} \geqslant \max\{\liminf_{n\to\infty}g_n(x_n)\|f_n - g_n\|, 1\}$.

为此只要证明当 $\liminf_{n\to\infty}g_n(x_n)\|f_n - g_n\| > 1$ 时有 $\max\{\liminf_{n\to\infty}\|g_n(x_n)$ $f_n - g_n\|, 1\} \geqslant \liminf_{n\to\infty}g_n(x_n)\|f_n - g_n\|$. 任取 $\varepsilon \in (1, \liminf_{n\to\infty}g_n(x_n)\|f_n - g_n\|)$, 故存在自然数 n_0 使得当 $n \geqslant n_0$ 时有 $g_n(x_n)\|f_n - g_n\| > \varepsilon$. 从而可找 $y_n \in S_X$ 使得 $g_n(x_n)(f_n - g_n)(y_n) > \varepsilon$. 显然, $g_n(-y_n) > \dfrac{\varepsilon}{g_n(x_n)} - f_n(y_n) \geqslant \varepsilon - 1 > 0$, 故

$$\liminf_{n\to\infty}\|g_n(x_n)f_n - g_n\| \geqslant \liminf_{n\to\infty}[g_n(x_n)f_n(y_n) + g_n(-y_n)]$$
$$\geqslant \liminf_{n\to\infty}[g_n(x_n)][f_n(y_n) + g_n(-y_n)] \geqslant \varepsilon > 1.$$

因此 $\max\{\liminf_{n\to\infty}\|g_n(x_n)f_n - g_n\|, 1\} \geqslant \varepsilon$ 再由 ε 的任意性得所要的结果.

定理 2.8.1([35]) 设 X 是 Banach 空间, 则 $DW(X) \geqslant \max\{2\varepsilon_0(X), 2\}$.

证明 不妨设 $\varepsilon_0(X) > 1$. 存在 S_X 中两个序列 $\{u_n\}, \{v_n\}$ 使得 $\|u_n - v_n\| \to \varepsilon_0, \|u_n + v_n\| \to 2$. 由 Han-Banach 定理, 取 S_{X^*} 中两个序列 $\{f_n\}, \{g_n\}$ 使得 $f_n(u_n + v_n) = \|u_n + v_n\|, g_n(u_n - v_n) = \|u_n - v_n\|$. 则有 $\lim_{n\to\infty}f_n(u_n) = f_n(v_n) = 1$, 且 $\liminf_{n\to\infty}g_n(u_n) = \liminf_{n\to\infty}(\|u_n - v_n\| + g_n(v_n)) \geqslant \varepsilon_0(X) - 1 > 0$. 应用引理 2.8.1 可得

$$DW(X) \geqslant 2\liminf_{n\to\infty}\|g_n(u_n)f_n - g_n\|$$
$$\geqslant 2\liminf_{n\to\infty}(g_n(u_n)f_n(v_n) - g_n(v_n))$$
$$= 2\lim_{n\to\infty}g_n(u_n - v_n) = 2\varepsilon_0(X).$$

定理 2.8.2 设 X 是 Banach 空间, 则 $DW(X) \geqslant 2\max\{2\rho_X'(0), 1\}$.

证明 只要证明 $DW(X) \geqslant 4\rho_X'(0)$. 根据 $\rho_X'(0) \leqslant 1$, 故当 $DW(X) = 4$ 时, 显然成立. 现设 $DW(X) < 4$. 则 X 是一致非方的, 令 $\varepsilon \in (0, 2]$ 使得 $\delta_{X^*}(\varepsilon) = 0$, 存在 S_{X^*} 中两个序列 $(f_n), (g_n)$ 使得 $\|f_n - g_n\| = \varepsilon, \|f_n + g_n\| \to 2$. 再取 $x_n \in S_X$ 使得 $(f_n + g_n)(x_n) = \|f_n + g_n\|$, 易见 $\lim_{n\to\infty}f_n(x_n) = \lim_{n\to\infty}g_n(x_n) = 1$. 应用引理 2.8.1 得

$$DW(X) \geqslant 2\lim_{n\to\infty}g_n(x_n)\|f_n - g_n\| = 2\varepsilon.$$

故 $DW(X) \geqslant 2\varepsilon_0(X^*) = 4\rho_X'(0)$.

定理 2.8.3([36])   设 X 是 Banach 空间, 则

$$DW(X) \leqslant \sup_{0 \leqslant t \leqslant 2} \min\{4 - 2\delta_X(t), 2 + t\} = 2 + J(X).$$

证明   先证 $DW(X) \leqslant \sup_{0 \leqslant t \leqslant 2} \min\{4 - 2\delta_X(t), 2 + t\}$.

令 $x, y \in X, x \neq 0, y \neq 0$, 且 $x \neq y$. 因为

$$
\begin{aligned}
dw(x, y) &= \left\| \frac{\|x\| + \|y\|}{\|x\|} x - \frac{\|x\| + \|y\|}{\|y\|} y \right\| \|x - y\|^{-1} \\
&\leqslant \left\| x - \frac{\|x\|}{\|y\|} y \right\| \|x - y\|^{-1} + \left\| \frac{\|y\|}{\|x\|} x - y \right\| \|x - y\|^{-1} \\
&= \left\| \frac{x - y}{\|x - y\|} + \frac{y - \frac{\|x\|}{\|y\|} y}{\|x - y\|} \right\| + \left\| \frac{\frac{\|y\|}{\|x\|} x - x}{\|x - y\|} + \frac{x - y}{\|x - y\|} \right\|.
\end{aligned}
$$

由凸性模的定义得

$$
\begin{aligned}
dw(x, y) &\leqslant 2 \left(1 - \delta_X \left(\frac{\left\| x + y\left(\frac{\|x\|}{\|y\|} - 2\right) \right\|}{\|x - y\|} \right) \right) + 2 \left(1 - \delta_X \left(\frac{\left\| y + x\left(\frac{\|y\|}{\|x\|} - 2\right) \right\|}{\|x - y\|} \right) \right) \\
&\leqslant 2 \left(1 - \delta_X \left(\frac{\left| \|x\| - \|x\| - 2\|y\| \right|}{\|x - y\|} \right) \right) + 2 \left(1 - \delta_X \left(\frac{\left| \|y\| - \|y\| - 2\|x\| \right|}{\|x - y\|} \right) \right) \\
&\leqslant 4 - 2\delta_X \left(\frac{2\big| \|x\| - \|y\| \big|}{\|x - y\|} \right).
\end{aligned}
$$

其中最后一步可通过对 $\|y\| > 2\|x\|$ 和 $\|y\| \leqslant 2\|x\|$ 两种情形分别讨论可得.

另一方面, 利用三角不等式可知 $dw(x, y) \leqslant 2 + 2\dfrac{\big| \|x\| - \|y\| \big|}{\|x - y\|}$, 故有

$$
\begin{aligned}
dw(x, y) &\leqslant \min \left\{ 4 - 2\delta_X \left(\frac{2\big| \|x\| - \|y\| \big|}{\|x - y\|} \right), 2 + 2\frac{\big| \|x\| - \|y\| \big|}{\|x - y\|} \right\} \\
&\leqslant \sup_{0 \leqslant t \leqslant 2} \min\{4 - 2\delta_X(t), 2 + t\}.
\end{aligned}
$$

因此 $DW(X) \leqslant \sup_{0 \leqslant t \leqslant 2} \min\{4 - 2\delta_X(t), 2 + t\}$.

下面令 $f(t) = \min\{4 - 2\delta_X(t), 2 + t\}$. 证明 $\sup_{0 \leqslant t \leqslant 2} f(t) = 2 + J(X)$.

(a) 如果 $J(X) = 2$, 则 $\varepsilon_0(X) = 2$, 故对 $0 \leqslant t < 2$, 有 $4 - 2\delta_X(t) = 4 > 2 + t$, 从而 $\sup_{0 \leqslant t \leqslant 2} f(t) = 4 = 2 + J(X)$.

(b) 如果 $\varepsilon_0(X) < 2$. 根据凸性模在 $[0, 2)$ 上连续, 下列方程 $4 - 2\delta_X(t) = 2 + t$, 在 $[\varepsilon_0(X), 2)$ 中有解, 且解必是唯一的. 记该解为 t_X, 则 $t_X = \sup\{t \in [0, 2] : 4 -$

$2\delta_X(t) > 2 + t\} = \sup\left\{t \in [0, 2] : \delta_X(t) < 1 - \dfrac{t}{2}\right\} = J(X)$, 且可知 $\sup_{0 \leqslant t \leqslant 2} f(t) = 2 + t_X = 2 + J(X)$.

推论 2.8.1 设 X 是 Banach 空间, 则

$$\max\{2\varepsilon_0(X), 2\} \leqslant DW(X) \leqslant 2 + J(X).$$

例 2.8.1 令 $\beta \geqslant 1$, X_β 是 l_2 赋予范数 $|x|_\beta = \max\{\|x\|_2, \beta\|x\|_\infty\}$. 则当 $\beta \leqslant \sqrt{2}$ 时有 $\varepsilon_0(X_\beta) = 2(\beta^2 - 1)^{\frac{1}{2}}$; 当 $\beta \geqslant \sqrt{2}$ 时有 $\varepsilon_0(X_\beta) = 2$, 并且 $J(X_\beta) = \min\{2, \beta\sqrt{2}\}$. 于是当 $1 \leqslant \beta \leqslant \sqrt{2}$ 时, 由推论得

$$4\sqrt{\beta^2 - 1} \leqslant DW(X_\beta) \leqslant 2 + \beta\sqrt{2}.$$

当 $DW(X) < 4$ 时, X 是一致非方的, 所以 X 具有不动点性质.

下面指出当 $DW(X) < \sqrt[3]{3 + 2\sqrt{2}} + \sqrt[3]{3 - 2\sqrt{2}}$ 时, X 具有正规结构.

定理 2.8.4 设 X 是 Banach 空间, 如果 $DW(X) < \sqrt[3]{3 + 2\sqrt{2}} + \sqrt[3]{3 - 2\sqrt{2}}$, 则 X 具有正规结构.

证明 因为 $DW(X) < 4$, X 必满足自反性, 从而弱正规结构和正规结构相同. 现假设 X 不具有弱正规结构, 则存在 B_X 中弱收敛于零的序列 (x_n) 使得对任意 $x \in C := \overline{co}(\{x_n : n \geqslant 1\})$, 有

$$\lim_{n \to \infty} \|x_n - x\| = \operatorname{diam}(C) = 1. \tag{2.8.2}$$

因为 x_n 弱收敛于 0, 故 $0 \in C$. 因此 $\lim_{n \to \infty} \|x_n\| = 1$.

取 $x \in C - \{0\}$, 及 $f \in S_{X^*}$ 使得 $f(x) = \|x\|$. 显然

$$\lim_{n \to \infty} f(x_n) = 0. \tag{2.8.3}$$

对每个 $n \geqslant 1$, 令 $f_n \in S_{X^*}$ 使得 $f_n\left(x_n - \dfrac{x}{2}\right) = \left\|x_n - \dfrac{x}{2}\right\|$. 通过取子列的方法, 不妨设 $\lim_{n \to \infty} f_n(x_n)$; $\lim_{n \to \infty} \|f_n + f\|$ 都存在, 并且 $\{f_n\}$ 弱星收敛于某个 $f^* \in X^*$. 根据 (2.8.2), 及 x_n 弱收敛于 0, 及 $\{f_n\}$ 弱星收敛于 f^*, 可通过归纳地选取子列的方法不妨设下式成立

$$\lim_{n \to \infty} f_n(x_{n+1}) = \lim_{n \to \infty} f_{n+1}(x_n) = 0, \tag{2.8.4}$$

及

$$\lim_{n \to \infty} \|x_n - x_{n+1}\| = 1. \tag{2.8.5}$$

因为 $0 \in C$, 故 $\dfrac{x}{2} \in C$, 由 (2.8.2) 得

$$1 = \lim_{n\to\infty} \left\| x_n - \frac{x}{2} \right\| = \lim_{n\to\infty} f_n\left(x_n - \frac{x}{2}\right)$$
$$= \lim_{n\to\infty} \frac{1}{2}[f_n(x_n) + f_n(x_n - x)]$$
$$\leqslant \limsup \|f_n\| \mathrm{diam}(C) = 1.$$

故有

$$\lim_{n\to\infty} f_n(x_n) = \lim_{n\to\infty} f_n(x_n - x) = 1, \qquad (2.8.6)$$

及

$$\lim_{n\to\infty} f_n(x) = 0. \qquad (2.8.7)$$

下面首先证明

$$DW(X) \geqslant 2\|x\| \lim_{n\to\infty} \|f_n + f\|.$$

事实上, 令 $u_n = x_n - x$, 由 (2.8.3) 和 (2.8.6),

$$\lim_{n\to\infty} (-f)(u_n) = \|x\|, \qquad \lim_{n\to\infty} f_n(u_n) = 1. \qquad (2.8.8)$$

于是应用引理 2.8.1 得

$$DW(X) \geqslant 2 \lim_{n\to\infty} (-f)(u_n)\|f_n + f\| = 2\|x\| \lim_{n\to\infty} \|f_n + f\|.$$

第二步: 我们证明对任意两个非负数列 (α_n) 和 (β_n), 只要下列极限

(1) $\lim_{n\to\infty} \alpha_n = \alpha, \lim_{n\to\infty} \beta_n = \beta$ 存在;

(2) $\lim_{n\to\infty} \left\| \dfrac{\alpha_n}{\|x\|} x + \beta_n(x_n - x_{n+1}) \right\|, \lim_{n\to\infty} \left\| \dfrac{\alpha_n}{\|x\|} x - \beta_n(x_n - x_{n+1}) \right\|$ 存在.

就有

$$\lim_{n\to\infty} \left\| \frac{\alpha_n}{\|x\|} x + \beta_n(x_n - x_{n+1}) \right\| \geqslant \frac{2\|x\|(\alpha+\beta)}{DW(X)},$$

及

$$\lim_{n\to\infty} \left\| \frac{\alpha_n}{\|x\|} x - \beta_n(x_n - x_{n+1}) \right\| \geqslant \frac{2\|x\|(\alpha+\beta)}{DW(X)}.$$

事实上, 由 (2.8.3),(2.8.4),(2.8.6) 和 (2.8.7) 可知

$$\lim_{n\to\infty} \|f_n + f\| \geqslant \lim_{n\to\infty} (f_n + f)\left(\frac{\dfrac{\alpha_n}{\|x\|} x + \beta_n(x_n - x_{n+1})}{\left\| \dfrac{\alpha_n}{\|x\|} x + \beta_n(x_n - x_{n+1}) \right\|} \right)$$
$$= \frac{\alpha + \beta}{\lim_{n\to\infty} \left\| \dfrac{\alpha_n}{\|x\|} x + \beta_n(x_n - x_{n+1}) \right\|}.$$

由第一步可知

$$DW(X) \geqslant 2\|x\| \frac{\alpha + \beta}{\lim_{n \to \infty} \left\| \dfrac{\alpha_n}{\|x\|} x + \beta_n(x_n - x_{n+1}) \right\|}.$$

故有

$$\lim_{n \to \infty} \left\| \frac{\alpha_n}{\|x\|} x + \beta_n(x_n - x_{n+1}) \right\| \geqslant \frac{2\|x\|(\alpha + \beta)}{DW(X)};$$

类似地可知

$$\lim_{n \to \infty} \|f_{n+1} + f\| \geqslant \frac{\alpha + \beta}{\lim_{n \to \infty} \left\| \dfrac{\alpha_n}{\|x\|} x - \beta_n(x_n - x_{n+1}) \right\|}.$$

从而另一式也成立.

第三步: 证明对任意 $t \in (0, 1)$ 有

$$tDW(X) \geqslant \frac{2\|x\|}{DW(X)} \left[t + \frac{2\|x\|(1 + t)}{DW(X)} - \frac{(1 - t)DW(X)}{2(1 + t)\|x\|} \right].$$

事实上, 令 $a_n = \dfrac{x}{\|x\|} + t(x_n - x_{n+1})$, 假设极限 $\lim_{n \to \infty} \|a_n\|$ 和极限 $\lim_{n \to \infty} \left\| \dfrac{x}{\|x\|} - \dfrac{a_n}{\|a_n\|} \right\|$ 都存在. 由 $DW(X)$ 的定义, 可知

$$DW(X) \geqslant \frac{1 + \|a_n\|}{\left\| \dfrac{x}{\|x\|} - a_n \right\|} \left\| \frac{x}{\|x\|} - \frac{a_n}{\|a_n\|} \right\| = \frac{1 + \|a_n\|}{t\|x_n - x_{n+1}\|} \left\| \frac{x}{\|x\|} - \frac{a_n}{\|a_n\|} \right\|.$$

因此, 由 (2.8.4) 得

$$tDW(X) \geqslant (1 + \lim_{n \to \infty} \|a_n\|) \lim_{n \to \infty} \left\| \frac{x}{\|x\|} - \frac{a_n}{\|a_n\|} \right\|.$$

因为对每个 $n \geqslant 1$,

$$\left\| \frac{x}{\|x\|} - \frac{a_n}{\|a_n\|} \right\| = \left\| \left(1 - \frac{1}{\|a_n\|} \right) \frac{x}{\|x\|} - \frac{t(x_n - x_{n+1})}{\|a_n\|} \right\|,$$

由第二步得

$$\lim_{n \to \infty} \left\| \frac{x}{\|x\|} - \frac{a_n}{\|a_n\|} \right\| \geqslant \frac{2\|x\|}{DW(X)} \left(1 - \frac{1 - t}{\lim_{n \to \infty} \|a_n\|} \right). \tag{2.8.9}$$

故

$$tDW(X) \geqslant \frac{2\|x\|}{DW(X)} \left(t + \lim_{n \to \infty} \|a_n\| - \frac{1 - t}{\lim_{n \to \infty} \|a_n\|} \right). \tag{2.8.10}$$

由第二步又得 $\lim_{n\to\infty}\|a_n\| \geqslant \dfrac{2\|x\|(1+t)}{DW(X)}$, 故由 (2.8.10) 可得

$$tDW(X) \geqslant \frac{2\|x\|}{DW(X)}\left[t + \frac{2\|x\|(1+t)}{DW(X)} - \frac{(1-t)DW(X)}{2(1+t)\|x\|}\right].$$

第四步: 根据 $\sup\{\|x\| : x \in C\} = 1$, 可知对每个 $t \in (0,1)$ 有

$$tDW(X) \geqslant \frac{2}{DW(X)}\left[t + \frac{2(1+t)}{DW(X)} - \frac{(1-t)DW(X)}{2(1+t)}\right].$$

从而

$$t(DW(X)^3 - 2DW(X) - 4) + \frac{1-t}{1+t}DW(X)^2 - 4 \geqslant 0. \qquad (2.8.11)$$

因为 $DW(X)^3 - 2DW(X) - 4 = (DW(X) - 2)(DW(X)^2 + 2DW(X) + 2) \geqslant 0$, 令

$$t_0 = \frac{\sqrt{2}DW(X) - \sqrt{DW(X)^3 - 2DW(X) - 4}}{\sqrt{DW(X)^3 - 2DW(X) - 4}}.$$

因 $DW(X)^3 - 2DW(X)^2 - 2DW(X) - 4 < -(3 - DW(X))(DW(X)^2 + DW(X) + 1) < 0$, 故 $t_0 > 0$. 又因为在 (2.8.11) 中令 $t = 1$ 得 $DW(X)^3 - 2DW(X) - 8 \geqslant 0$, 可知

$$2DW(X)^3 - DW(X)^2 - 4DW(X) - 8$$
$$= DW(X)^3 - 2DW(X) - 8 + DW(X)(DW(X) + 1)(DW(X) - 2) > 0,$$

故 $t_0 < 1$. 现在 (2.8.11) 中令 $t = t_0$, 则

$$0 \leqslant t_0[DW(X)^3 - 2DW(X) - 4] + \frac{1-t_0}{1+t_0}DW(X)^2 - 4$$
$$= DW(X)[2\sqrt{2}\sqrt{DW(X)^3 - 2DW(X) - 4} - DW(X)^2 - DW(X) + 2].$$

等价于

$$(6 - DW(X))(DW(X)^3 - 3DW(X) - 6) \geqslant 0.$$

而由 $(DW(X)^3 - 3DW(X) - 6) \geqslant 0$, 可知 $DW(X) \geqslant \sqrt[3]{3 + 2\sqrt{2}} + \sqrt[3]{3 - 2\sqrt{2}}$, 故矛盾.

2.9　高继常数与 J.Banaś 光滑模

Gao ji 根据 Pythagoren 定理的思想, 引入下面两个空间参数. 对 $x \in S_X$,

(1) $\alpha(x) = \sup\{\|x + y\|^2 + \|x - y\|^2 : y \in S_X\}$;

(2) $\beta(x) = \inf\{\|x+y\|^2 + \|x-y\|^2 : y \in S_X\}$.

进而利用这两个参数, 定义了如下空间常数:

(1) $f(X) = \inf\{\|x+y\|^2 + \|x-y\|^2 : x,y \in S_X\} = \inf\{\beta(x), x \in S_X\}$;

(2) $F(X) = \sup\{\beta(x), x \in S_X\}$;

(3) $E(X) = \sup\{\alpha(x) : x \in S_X\}$;

(4) $e(X) = \inf\{\alpha(x) : x \in S_X\}$.

显然, $2 \leqslant f(X) \leqslant e(X) \leqslant E(X) \leqslant 8, 2 \leqslant f(X) \leqslant F(X) \leqslant E(X) \leqslant 8$.

令 X_2 是空间 X 的一个二维子空间, $x \in S(X_2)$, L 表示从 x 按逆时针到 $-x$ 的弧 k 的长, $g : [0, L] \to k$ 是标准弧长函数. 则有

引理 2.9.1([24]) 令 $\Phi, \Psi : [0, L] \to [0, 2]$ 定义为 $\Phi(s) = \|g(s) - x\|, \Psi(s) = \|g(s) + x\|$. 则这两个函数分别是连续递增和递减函数.

引理 2.9.2 设 $x, y \in S_X$, 且使 $\|x+y\| = \|x-y\| = a$, 令 $u = \dfrac{x+y}{\|x+y\|}, v = \dfrac{x-y}{\|x-y\|}$, 则 $\|u+v\| = \|u-v\| = \dfrac{2}{a}$.

定理 2.9.1 如果 $E(X) < 8$ 或 $f(X) > 2$, 则 X 是一致非方的.

证明 设 X 不是一致非方的, 对任意 $\varepsilon > 0$, 存在 $x, y \in S_X$ 使得 $\|x+y\|, \|x-y\| > 2 - \dfrac{\varepsilon}{2}$, 故得 $E(X) = 8$. 如果 $\|x+y\| \neq \|x-y\|$, 可取 z 与 y 位于从 x 到 $-x$ 的同一弧上且使 $\|x+z\| = \|x-z\|$. 由引理 2.9.1 知仍有 $\|x+z\|, \|x-z\| > 2 - \dfrac{\varepsilon}{2}$, 再令 u, v 分别是 $x+z, x-z$ 的正规化, 应用引理 2.9.2 得 $\|u \pm v\| \leqslant \dfrac{2}{2 - \dfrac{\varepsilon}{2}} \leqslant 1 + \dfrac{\varepsilon}{2}$. 于是 $f(X) = 2$.

引理 2.9.3 设 $x \in S_X, \|y\| > 1$, 则 $\|x + t(y-x)\|$ 是 $t \in (1, \infty)$ 上的递增函数.

证明 显见对任意的 $t > 1$ 有 $\|x + t(y-x)\| > 1$. 如果存在 $0 < t_2 < t_1$ 使得 $1 \leqslant a = \|x + t_1(y-x)\| < \|x + t_2(y-x)\|$, 则

$$\|x + t_2(y-x)\| = \left\| \frac{t_2(x + t_1(y-x))}{t_1} + \frac{(t_1 - t_2)x}{t_1} \right\| \leqslant \frac{t_2 a}{t_1} + \frac{(t_1 - t_2)}{t_1} \leqslant a,$$

矛盾.

定理 2.9.2([29]) 如果 Banach 空间 X 满足 $E(X) < 5$ 或 $f(X) > \dfrac{32}{9}$, 则 X 具有正规结构.

证明　假设 X 不具有正规结构, 从而不具有弱正规结构, 由引理 1.5.3 存在单位球面上三点 x_1, x_2, x_3 使得

(i) $x_2 - x_3 = ax_1$ 且 $|a - 1| < \varepsilon$;

(ii) $|\|x_1 - x_2\| - 1|, |\|x_3 - (-x_1)\| - 1| < \varepsilon$;

(iii) $\frac{1}{2}\|x_1 + x_2\|, \frac{1}{2}\|x_3 + (-x_1)\| > 1 - \varepsilon$.

故 $\|x_3 - x_1\|^2 > 4 - 8\varepsilon$. 且 $\|x_1 + x_3\|^2 = \|x_2 + (1 - a)x_1\|^2 > (1 - \varepsilon)^2$. 于是根据 ε 的任意性有 $E(X) \geqslant 5$. 故矛盾.

再令 $y = \dfrac{x_2 + x_3}{2}$, 则有 $y - x_1 = \dfrac{3}{2}\left[\dfrac{2}{3}x_3 + \dfrac{-x_1}{3}\right] - \dfrac{(1 - a)x_1}{2}$, 故根据引理 1.5.4 得 $\|y - x_1\| > \dfrac{3}{2}(1 - 2\varepsilon) - \dfrac{\varepsilon}{2}$, 类似地有 $\|y + x_1\| > \dfrac{3}{2}(1 - 2\varepsilon) - \dfrac{\varepsilon}{2}$. 再令 y' 为 y 的正规化, 引理 2.9.3 表明 $\|y' \pm x_1\| = \left\|\dfrac{1}{\|y\|}(y \pm x_1 \mp x_1) \pm x_1\right\| \geqslant \|y \pm x_1\| > \dfrac{3}{2}(1 - 2\varepsilon) - \dfrac{\varepsilon}{2}$. 从而根据引理 2.9.1 可找到 $z \in S_X$ 使得 $\|z + x_1\| = \|z - x_1\| > \dfrac{3}{2}(1 - 2\varepsilon) - \dfrac{\varepsilon}{2}$. 那么 $z + x_1, z - x_1$ 的正规化 u, v 就满足 $\|u \pm v\| < \dfrac{2}{\dfrac{3}{2}(1 - 2\varepsilon) - \dfrac{\varepsilon}{2}}$. 因此 $f(X) \leqslant \dfrac{32}{9}$. 故矛盾.

推论 2.9.1　如果 Banach 空间 X 满足 $E(X) < 5$ 或 $f(X) > \dfrac{32}{9}$, 则 X 具有一致正规结构.

对 Hilbert 空间 H, 有 $E(H) = e(H) = F(H) = f(H) = 4$. 下面考虑 l_p 空间的情形.

定理 2.9.3([29])　设 $p, q \geqslant 1, \dfrac{1}{p} + \dfrac{1}{q} = 1$, 则

(i) 当 $1 < p \leqslant 2$ 时, 有 $f(l_p) = 2^{1 + \frac{2}{q}}, F(l_p) \leqslant 2^{1 + \frac{2}{p}} \leqslant e(l_p) \leqslant E(l_p)$;

(ii) 当 $p \geqslant 2$ 时, 有 $E(l_p) = 2^{1 + \frac{2}{q}}, f(l_p) \leqslant F(l_p) \leqslant 2^{1 + \frac{2}{p}} \leqslant e(l_p)$.

证明　(i) 先证 $e(l_p) \geqslant 2^{1 + \frac{2}{p}}$. 对任意 $\delta \in (0, 1)$ 及 $y = (y_1, y_2, \cdots, y_n, \cdots) \in S_{l_p}$, 选取自然数 N 使得 $|y_N| < \delta$. 根据当 $0 \leqslant x \leqslant 1, p > 1$ 时有 $(1 - x)^p \geqslant 1 - px$, 易见 $\|y \pm e_N\|^p = |y_1|^p + |y_2|^p + \cdots + |y_N \pm 1|^p + |y_{N+1}|^p + \cdots \geqslant (1 + |y_1|^p + |y_2|^p + \cdots) - p|y_N| - |y_N|^p \geqslant 2 - 2p\delta$. 于是 $\alpha(y) \geqslant 2 \cdot 2^{\frac{2}{p}} = 2^{1 + \frac{2}{p}}$. 进而 $e(l_p) \geqslant 2^{1 + \frac{2}{p}}$.

其次证明 $F(l_p) \leqslant 2^{1 + \frac{2}{p}}$. 当 $p > 1$ 且 x 充分小时有不等式 $(1 + x)^p \leqslant 1 + 2px$.

对任意 $\delta \in (0,1)$ 及 $y = (y_1, y_2, \cdots, y_n, \cdots) \in S_{l_p}$，选取自然数 N 使得 $|y_N| < \delta$. 有
$$\|y \pm e_N\|^p = |y_1|^p + |y_2|^p + \cdots + |y_N \pm 1|^p + |y_{N+1}|^p + \cdots \leqslant |y_1|^p + |y_2|^p + \cdots + 1 + 2p|y_N| \leqslant$$
$2 + 2p\delta$. 于是 $\beta(y) \leqslant 2 \cdot 2^{\frac{2}{p}} = 2^{1+\frac{2}{p}}$. 进而 $F(l_p) \leqslant 2^{1+\frac{2}{p}}$.

最后证明 $f(l_p) = 2^{1+\frac{2}{q}}$. 令 $x = 2^{-\frac{1}{p}}(1,1,0,0,\cdots), y = 2^{-\frac{1}{p}}(1,-1,0,0,\cdots)$ 则有
$\|x+y\|_p^2 + \|x-y\|^p = 2^{1+\frac{2}{q}}$. 故 $f(l_p) \leqslant 2^{1+\frac{2}{q}}$. 另一方面, 利用 Hanner 不等式得

$$\|x+y\|^p + \|x-y\|^p \geqslant (\|x\| + \|y\|)^p + |\|x\| - \|y\||^p = 2^p,$$

对一切 $x, y \in S(l_p)$ 成立, 于是

$$\|x+y\|^2 + \|x-y\|^2 \geqslant 2^{1-\frac{2}{p}}[\|x+y\|^p + \|x-y\|^p]^{\frac{2}{p}} \geqslant 2^{1+\frac{2}{q}}.$$

(ii) 仿照 (i) 类似可得.

定理 2.9.4([29]) 设 $p, q \geqslant 1, \dfrac{1}{p} + \dfrac{1}{q} = 1, X = L_p[0,1]$ 则

(i) 当 $1 < p \leqslant 2$ 时, 有 $f(X) = F(X) = 2^{1+\frac{2}{q}}, 2^{1+\frac{2}{p}} \leqslant e(X) \leqslant E(X)$;

(ii) 当 $p \geqslant 2$ 时, 有 $f(X) \leqslant F(X) \leqslant 2^{1+\frac{2}{p}}, e(X) = E(X) = 2^{1+\frac{2}{q}}$.

证明 (i) 先证 $e(X) \geqslant 2^{1+\frac{2}{p}}$.

令 $x(t) \in S(X)$. 对任意 $\delta \in (0,1)$, 可找数 $\gamma > 0$ 及一子集 $E \subseteq [0,1]$ 使得 $mE = \gamma$ 且 $\int_E |x(t)|^p dt < \delta$ 且还可使得 $|x(t)| < \gamma^{-\frac{1}{p}} (t \in E)$. 事实上, 只要令 $E_1 = \{t \in E, |x(t)| < \gamma^{-\frac{1}{p}}\}$, 则必有 $\gamma \geqslant \gamma_1 = mE_1 > 0$. 因为如果 $mE_1 = 0$, 就有 $\int_E |x(t)|^p dt \geqslant 1$, 此与 $\delta < 1$ 矛盾. 故用 E_1 代替 E, γ_1 代替 γ 即可. 现令 $z(t) = \gamma^{-\frac{1}{p}}\chi_E$. 利用不等式: 当 $0 \leqslant x \leqslant 1, p > 1$ 时有 $(1-x)^p \geqslant 1 - px$, 及 Hölder 不等式可得

$$\int_E |x(t)| dt \leqslant \gamma^{\frac{1}{q}} \left(\int_E |x(t)|^p \right)^{\frac{1}{p}},$$

及

$$\|x(t) \pm z(t)\|^p = \int_E |x(t) \pm \gamma^{-\frac{1}{p}}|^p dt + \int_{[0,1]\backslash E} |x(t)|^p dt$$
$$\geqslant \gamma^{-1} \int_E |1 \pm \gamma^{\frac{1}{p}} x(t)|^p dt + 1 - \delta$$
$$\geqslant \gamma^{-1} \int_E (1 - \gamma^{\frac{1}{p}} |x(t)|)^p dt + 1 - \delta$$

$$\geqslant \gamma^{-1} \int_E (1 - p\gamma^{\frac{1}{p}} |x(t)|) dt + 1 - \delta$$

$$= 1 - p\gamma^{-1+\frac{1}{p}} \int_E |x(t)| dt + 1 - \delta$$

$$\geqslant 2 - p\gamma^{-1+\frac{1}{p}+\frac{1}{q}} \left(\int_E |x(t)|^p \right)^{\frac{1}{p}} - \delta$$

$$\geqslant 2 - p\delta^{\frac{1}{p}} - \delta.$$

由 δ 及 $x(t)$ 的任意性得 $e(X) \geqslant 2^{1+\frac{2}{p}}$.

其次证明 $F(X) \leqslant 2^{1+\frac{2}{q}}$.

令 $x(t) \in S(X)$. 取数 γ 使得 $\int_0^\gamma |x(t)|^p dt = \dfrac{1}{2}$. 令 $y(t) = x(t)\chi_{[0,\gamma)} - x(t)\chi_{[\gamma,1]}$, 则 $y(t) \in S(X)$, 且 $\|x(t) \pm y(t)\|^p = 2^{p-1}$. 故有 $F(X) \leqslant 2^{1+\frac{2}{q}}$.

最后仍由 Hanner 不等式可得 $f(X) \geqslant 2^{1+\frac{2}{q}}$. 从而 $f(X) = F(X) = 2^{1+\frac{2}{q}}$.

(ii) 为证 $F(X) \leqslant 2^{1+\frac{2}{p}}$. 对任意的 $x(t) \in S(X)$, 取 $\delta > 0$ 使得 $(1+\delta)^p < 1+2p\delta$. 再取 γ 使得 $\int_0^\gamma |x(t)|^p dt < \delta$. 令 $y(t) = \gamma^{-\frac{1}{p}} \chi_{[0,\gamma)}$, 则 $y \in S(x)$ 且由 Minkowski 不等式可得 $\|x(t) \pm y(t)\|^p \leqslant \int_0^\gamma |x(t) \pm \gamma^{-\frac{1}{p}}|^p dt + \int_\gamma^1 |x(t)|^p dt \leqslant (\delta^{\frac{1}{p}} + 1)^p + 1$. 于是 $F(X) \leqslant 2^{1+\frac{2}{p}}$.

其次证明 $e(X) \geqslant 2^{1+\frac{2}{q}}$. 令 $x(t) \in S(X)$. 取数 $\gamma \in [0,1]$ 使得 $\int_0^\gamma |x(t)|^p dt = \dfrac{1}{2}$. 令 $y(t) = x(t)\chi_{[0,\gamma)} - x(t)\chi_{[\gamma,1]}$, 则 $y(t) \in S(X)$, 且 $\|x(t) \pm y(t)\|^p = 2^{p-1}$. 故有 $e(X) \geqslant 2^{1+\frac{2}{q}}$. 类似地用 Hanner 不等式可得 $E(X) \leqslant 2^{1+\frac{2}{q}}$. 进而有 $e(X) = E(X) = 2^{1+\frac{2}{q}}$.

作为凸性模的一种对偶, 可引入如下的 J.Banaś 光滑模:

$$\varrho_X(\tau) = \sup \left\{ 1 - \frac{\|x+y\|}{2} : x, y \in S_X, \|x - y\| \leqslant \tau \right\}.$$

容易看出有下列公式

$$f(X) = \inf_{0 \leqslant \tau \leqslant 2} \{\tau^2 + 4(1 - \varrho_X(\tau))^2\}.$$

再令

$$g(X) = \inf\{\max(\|x+y\|, \|x-y\|) : x, y \in S_X\},$$

$g(X)$ 称为空间 X 的 Schäffer 常数, 且对任意 Banach 空间 X 有 $J(X)g(X) = 2$, 及 $g(X) = 2(1 - \varrho_X(g(X)))$.

定理 2.9.5([15]) 设 X 是 $b_{2,\infty}$ 空间, 即在 l^2 上赋予范数:

$$\|x\| = \max\{\|x^+\|_2, \|x^-\|_2\},$$

其中 x^+, x^- 分别为 x 的正部与负部. 则

$$\varrho_X(\tau) = \max\left\{\frac{\tau}{2\sqrt{2}}, \frac{\tau}{\sqrt{2}} + 1 - \sqrt{2}\right\}.$$

进而 $f(X) = \frac{8}{3}$. 该结果对 $l_2 - l_\infty$ 也成立.

证明 由定理 2.7.1 可知

$$g(X) = \frac{2}{J(X)} = 2(2 - \sqrt{2}).$$

根据 $\varrho_X(\tau)$ 的凸性知对 $\tau \in (0, 2(2 - \sqrt{2}))$ 有

$$\varrho_X(\tau) \leqslant \frac{\varrho_X(g(X))}{g(X)}\tau = \frac{2 - g(X)}{2g(X)}\tau = \frac{\tau}{2\sqrt{2}}.$$

且当 $\tau \in [2(2 - \sqrt{2}), 2]$ 时, 有

$$\begin{aligned}
\varrho_X(\tau) &\leqslant \frac{2 - \tau}{2 - g(X)}\varrho_X(g(X)) + \frac{\tau - g(X)}{2 - g(X)}\varrho_X(2) \\
&= \frac{2 - \tau}{2} + \frac{\tau - g(X)}{2 - g(X)} \\
&= \frac{\tau}{\sqrt{2}} + 1 - \sqrt{2}.
\end{aligned}$$

另一方面, 当 $\tau \in (0, 2(2 - \sqrt{2}))$ 时, 取

$$x = \left(1 - \frac{2\sqrt{2}}{\sqrt{2} + \sigma}, 1, 0, \cdots\right), \quad y = \left(-1, 1 - \frac{2\sigma}{\sqrt{2} + \sigma}, 0, \cdots\right),$$

其中 $\sigma = \frac{\sqrt{2}\tau}{2\sqrt{2} - \tau}$. 易见 $0 \leqslant \sigma < \sqrt{2}$, $\|x\| = \|y\| = 1$, $\|x - y\| = \tau$, $\|x + y\| = 2 - \frac{\tau}{\sqrt{2}}$, 故 $\varrho_X(\tau) \geqslant \frac{\tau}{2\sqrt{2}}$. 当 $\tau \in [2(2 - \sqrt{2}), 2]$ 时, 令

$$x = (1 - \tau, 1, 0, \cdots), \quad y = (1, 1 - \tau, 0, \cdots).$$

则 $x, y \in S_X$, 且 $\|x - y\| = \tau$, $\|x + y\| = \sqrt{2}(2 - \tau)$. 因此

$$\varrho_X(\tau) \geqslant \frac{\tau}{\sqrt{2}} + 1 - \sqrt{2}.$$

定理 2.9.6([15])　设 X 是 $l_2 - l_1$ 空间, 则 $f(X) = 3$.

证明　令 $x = (1/\sqrt{2}, 1/\sqrt{2}), y = (-1/2, 1/2)$, 则 $\|x\| = \|y\| = 1, \|x \pm y\| = \sqrt{\dfrac{3}{2}}$,
故 $f(X) \leqslant 3$. 为考虑相反不等式, 对单位球面上任意两点 $x = (x_1, x_2), y = (y_1, y_2)$,
根据对称性可考虑如下三种情形:

(1) $x_i \in [0, 1], y_i \in [0, 1], i = 1, 2$. 则有 $\|x + y\| = \|x + y\|_2, \|x - y\| = \|x - y\|_1$.
故

$$\|x + y\|^2 + \|x - y\|^2 = \|x + y\|_2^2 + \|x - y\|_2^2 - 2(x_1 - y_1)(x_2 - y_2) \geqslant 4.$$

(2) $0 \leqslant x_2 \leqslant \dfrac{1}{\sqrt{2}} \leqslant x_1 \leqslant 1, 0 \leqslant -y_1 \leqslant \dfrac{1}{2} \leqslant y_2 \leqslant 1$. 则 $\|x\| = \|x\|_2, \|y\| = \|y\|_1, (x_1 + y_1)(x_2 + y_2) \geqslant 0, x_1 - y_1 \geqslant 0$. 如果 $x_2 - y_2 \geqslant 0$, 则

$$\|x + y\|^2 + \|x - y\|^2 = 2(\|x\|_2^2 + \|y\|_2^2) \geqslant 2\|x\|_2^2 + \|y\|_1^2 = 3.$$

如果 $x_2 - y_2 < 0$, 则

$$\begin{aligned}
\|x + y\|^2 + \|x - y\|^2 &= \|x + y\|_2^2 + \|x - y\|_1^2 \\
&= \|x + y\|_2^2 + \|x - y\|_2^2 - 2(x_1 - y_1)(x_2 - y_2) \\
&\geqslant 2(\|x\|_2^2 + \|y\|_2^2) \\
&\geqslant 2\|x\|_2^2 + \|y\|_1^2 = 3.
\end{aligned}$$

(3) $-1 \leqslant x_1 \leqslant 0 \leqslant x_2 \leqslant 1, -1 \leqslant y_1 \leqslant 0 \leqslant y_2 \leqslant 1$. 则 $\|x\| = \|x\|_1, \|y\| = \|y\|_1, (x_1 + y_1)(x_2 + y_2) \leqslant 0, (x_1 - y_1)(x_2 - y_2) = (x_1 - y_1)^2 \geqslant 0$. 故有

$$\|x + y\|^2 + \|x - y\|^2 = \|x + y\|_1^2 + \|x - y\|_2^2 = 4 + 2(x_1 - y_1)^2 \geqslant 4.$$

总有 $f(X) \geqslant 3$.

第 3 章　James 常数与 von Neumann-Jordan 常数的推广

3.1　James 型常数与 von Neumann-Jordan 型常数

最近 Takahashi 在 [61] 引入 James 型常数

$$J_{X,t}(\tau) = \sup\{\mu_t(\|x+\tau y\|, \|x-\tau y\|) : x, y \in S_X\},$$

其中 $\tau \geqslant 0, -\infty \leqslant t < +\infty$, 且对两个正数 a 和 b, $\mu_t(a,b) = \left(\dfrac{a^t + b^t}{2}\right)^{\frac{1}{t}}$ $(t \neq 0)$, $\mu_0(a,b) = \lim\limits_{t\to 0}\mu_t(a,b) = \sqrt{ab}$. 易知 $\mu_t(a,b)$ 是非降的且 $\mu_{-\infty}(a,b) = \lim\limits_{t\to -\infty}\mu_t(a,b) = \min(a,b)$, $\mu_{+\infty}(a,b) = \lim\limits_{t\to +\infty}\mu_t(a,b) = \max(a,b)$.

显然, James 型常数包含一些已知常数如 Alonso-Llorens-Fuster 常数 $T(X)$[1], Baronti-Casini-Papini 常数 $A_2(X)$[8], 高继常数 $E(X)$[28] 和杨王的模常数 $\gamma_X(t)$[82]. 我们可通过 $J_{X,t}(\tau)$ 来定义 von Neumann-Jordan 型常数为

$$C_t(X) = \sup\left\{\frac{J_{X,t}^2(\tau)}{1+\tau^2}\Big| 0 \leqslant \tau \leqslant 1\right\}.$$

显见 $C_2(X) = C_{\mathrm{NJ}}(X)$.

令 $\rho_{X,t}(\tau) = J_{X,t}(\tau) - 1$, 其中 $\tau \geqslant 0, t \geqslant 1$. 下面给出 James 型常数一些性质.

令 $t \geqslant 1$, 由 Minkowski 不等式, 可得下述命题.

命题 3.1.1　令 $t \geqslant 1$. 则对任意 Banach 空间 X, $J_{X,t}(\tau)$ 在 $[0, +\infty)$ 上是凸连续函数, 从而 $\rho_{X,t}(\tau)$ 也是.

命题 3.1.2　对任意 Banach 空间 X, $\dfrac{\rho_{X,t}(\tau)}{\tau}$ 在 $(0, +\infty)$ 上是非降的, 且 $\rho_{X,t}(\tau)$ 在 $[0, +\infty)$ 上是严格增的, 其中 $t \geqslant 1$.

证明　令 $\tau_1 < \tau_2$, 存在 $\lambda \in (0,1)$, 使得 $\tau_1 = \lambda\tau_2$. 由 $\rho_{X,t}(\tau)$ 的凸性, 可知

$$
\begin{aligned}
\frac{\rho_{X,t}(\tau_1)}{\tau_1} &= \frac{\rho_{X,t}(\lambda\tau_2)}{\lambda\tau_2} = \frac{\rho_{X,t}((1-\lambda)0 + \lambda\tau_2)}{\lambda\tau_2} \\
&\leqslant \frac{(1-\lambda)\rho_{X,t}(0) + \lambda\rho_{X,t}(\tau_2)}{\lambda\tau_2} \\
&= \frac{\rho_{X,t}(\tau_2)}{\tau_2}.
\end{aligned}
$$

下面证明 $\rho_{X,t}(\tau)$ $[0,+\infty)$ 上是严格增的, 其中 $t \geqslant 1$.

设对于 $\tau_1 < \tau_2$ 有 $\rho_{X,t}(\tau_1) = \rho_{X,t}(\tau_2)$. 因 $\dfrac{\rho_{X,t}(\tau_1)}{\tau_1} \leqslant \dfrac{\rho_{X,t}(\tau_2)}{\tau_2}$, 故 $\tau_1 \geqslant \tau_2$. 故矛盾.

注记 3.1.1　由于 $\rho_{X,t}(\tau)$ 在 $[0,+\infty)$ 上是严格增的, 故 $J_{X,t}(\tau)$ 也是上是严格增的于 $[0,+\infty)$ 上, 其中 $t \geqslant 1$.

命题 3.1.3　对任何 Banach 空间 X, $J_{X,t}(\tau) \leqslant 1 + \tau$.

命题 3.1.4　对任何 Banach 空间 X, X 的 James 型常数要么满足对一切 $\tau > 0$ 有 $J_{X,t}(\tau) = 1 + \tau$, 要么满足对一切 $\tau > 0$ 有 $J_{X,t}(\tau) < 1 + \tau$, 其中 $t \geqslant 1$.

证明　结论等价于要么对一切 $\tau > 0$ 有 $\rho_{X,t}(\tau) = \tau$ 或对一切 $\tau > 0$ 有 $\rho_{X,t}(\tau) < \tau$.

只要证明如果 $\rho_{X,t}(\tau_0) = \tau_0$ 对某个 $\tau_0 > 0$, 则对一切 $\tau > 0$ 有 $\rho_{X,t}(\tau) = \tau$.

因为 $\dfrac{\rho_{X,t}(\tau)}{\tau}$ 是单调增加的并且 $\rho_{X,t}(\tau) \leqslant \tau$, 故知对 $\tau \geqslant \tau_0$ 有 $1 = \dfrac{\rho_{X,t}(\tau_0)}{\tau_0} \leqslant \dfrac{\rho_{X,t}(\tau)}{\tau} \leqslant 1$. 即 $\rho_{X,t}(\tau) = \tau$ 对 $\tau \geqslant \tau_0$ 成立. 令 $0 < \tau < \tau_0$ 且假设 $\rho_{X,t}(\tau) < \tau$, 由 $\rho_{X,t}(\tau)$ 的凸性可得, 对一切 $\tau_1 > \tau_0$ 有

$$
\begin{aligned}
\tau_0 = \rho_{X,t}(\tau_0) &= \rho_{X,t}\left(\frac{\tau_0 - \tau}{\tau_1 - \tau}\tau_1 + \frac{\tau_1 - \tau_0}{\tau_1 - \tau}\tau\right) \\
&\leqslant \frac{\tau_0 - \tau}{\tau_1 - \tau}\rho_{X,t}(\tau_1) + \frac{\tau_1 - \tau_0}{\tau_1 - \tau}\rho_{X,t}(\tau) \\
&< \frac{\tau_0 - \tau}{\tau_1 - \tau}\tau_1 + \frac{\tau_1 - \tau_0}{\tau_1 - \tau}\tau \\
&= \tau_0,
\end{aligned}
$$

从而矛盾. 故 $\rho_{X,t}(\tau) = \tau$.

根据命题 3.1.4, 可得

命题 3.1.5　设 $t \geqslant 1$, 则对任意 Banach 空间 X, 下列论断等价:

(1) X 是一致非方的;

(2) 对一切 $\tau > 0$ 有 $J_{X,t}(\tau) < 1 + \tau$;

(3) 对某个 $\tau_0 > 0$ 有 $J_{X,t}(\tau_0) < 1 + \tau_0$.

命题 3.1.6 对任意 Banach 空间 X,

$$J_{X,t}(\tau) = \sup\left\{ \left(\frac{\|x+\tau y\|^t + \|x-\tau y\|^t}{2} \right)^{\frac{1}{t}}, x \in S_X, y \in B_X \right\}$$

$$= \sup\left\{ \left(\frac{\|x+\tau y\|^t + \|x-\tau y\|^t}{2} \right)^{\frac{1}{t}}, x, y \in B_X \right\},$$

其中 $t \geqslant 1$.

证明 注意到 $\varphi(\tau) = \left(\frac{\|x+\tau y\|^t + \|x-\tau y\|^t}{2} \right)^{\frac{1}{t}}$ 是凸的偶函数. 令 $0 < \tau_1 \leqslant \tau_2$. 则

$$\varphi(\tau_1) = \varphi\left(\frac{\tau_1+\tau_2}{2\tau_2}\tau_2 + \frac{\tau_2-\tau_1}{2\tau_2}(-\tau_2) \right) \leqslant \varphi(\tau_2),$$

这又蕴含 $\varphi(\tau_1) \leqslant \varphi(\tau_2)$. 故有

$$\sup\left\{ \left(\frac{\|x+\tau y\|^t + \|x-\tau y\|^t}{2} \right)^{\frac{1}{t}}, x \in S_X, y \in B_X \right\} \leqslant J_{X,t}(\tau\|y\|) \leqslant J_{X,t}(\tau).$$

由于相反的不等式显然成立, 故得第一个等式.

设 τ 是事先固定的一个数. 令

$$g(\lambda) = \left(\frac{\|\lambda x+\tau y\|^t + \|\lambda x-\tau y\|^t}{2} \right)^{\frac{1}{t}},$$

则 $g(\lambda)$ 凸的偶函数且有 $g(\lambda) \geqslant g(1)$ 对一切 $\lambda \geqslant 1$ 成立. 对任意 $x, y \in B_X$, 及 $x \neq 0$, 有

$$\left(\frac{\left\| \frac{x}{\|x\|}+\tau y \right\|^t + \left\| \frac{x}{\|x\|}-\tau y \right\|^t}{2} \right)^{\frac{1}{t}} = g\left(\frac{1}{\|x\|} \right) \geqslant g(1) = \left(\frac{\|x+\tau y\|^t + \|x-\tau y\|^t}{2} \right)^{\frac{1}{t}};$$

如果 $x = 0, y \in B_X$, 则对任意 $x', y' \in S_X, t \geqslant 1$, 有

$$\left(\frac{\|x'+\tau y'\|^t + \|x'-\tau y'\|^t}{2} \right)^{\frac{1}{t}} \geqslant \frac{\|x'+\tau y'\| + \|x'-\tau y'\|}{2}$$

$$\geqslant \tau \geqslant \left(\frac{\|x+\tau y\|^t + \|x-\tau y\|^t}{2} \right)^{\frac{1}{t}}.$$

因而,

$$\sup\left\{\left(\frac{\|x+\tau y\|^t+\|x-\tau y\|^t}{2}\right)^{\frac{1}{t}}, x\in S_X, y\in B_X\right\}$$

$$\geqslant \sup\left\{\left(\frac{\|x+\tau y\|^t+\|x-\tau y\|^t}{2}\right)^{\frac{1}{t}}, x,y\in B_X\right\}.$$

这样就得第二个等式.

定理 3.1.1　对任意 Banach 空间 X,

$$J_{X,t}(1)=\sup\left\{\left(\frac{\varepsilon^t+2^t(1-\delta_X(\varepsilon))^t}{2}\right)^{\frac{1}{t}}, 0\leqslant \varepsilon\leqslant 2\right\},$$

其中 $-\infty<t<+\infty, t\neq 0$.

证明　令 $K=\sup\left\{\left(\frac{\varepsilon^t+2^t(1-\delta_X(\varepsilon))^t}{2}\right)^{\frac{1}{t}}, 0\leqslant \varepsilon\leqslant 2\right\}$.

对 $x,y\in S_X$, 记 $\varepsilon=\|x-y\|$. 有 $\delta_X(\|x-y\|)\leqslant 1-\frac{\|x+y\|}{2}$. 故

$$\left(\frac{\|x+y\|^t+\|x-y\|^t}{2}\right)^{\frac{1}{t}}\leqslant\left(\frac{\varepsilon^t+2^t(1-\delta_X(\varepsilon))^t}{2}\right)^{\frac{1}{t}}\leqslant K,$$

由此可得 $J_{X,t}(1)\leqslant K$. 另一方面, 令 $0\leqslant \varepsilon\leqslant 2$. 则对任意 $\mu>0$ 存在 $x,y\in S_X$ 使得 $\|x-y\|=\varepsilon$ 且 $1-\frac{\|x+y\|}{2}\leqslant\delta_X(\varepsilon)+\mu$.

故

$$J_{X,t}(1)\geqslant\left(\frac{\|x+y\|^t+\|x-y\|^t}{2}\right)^{\frac{1}{t}}\geqslant\left(\frac{\varepsilon^t+2^t(1-\delta_X(\varepsilon)-\mu)^t}{2}\right)^{\frac{1}{t}}.$$

由 μ 的任意性, 可知 $J_{X,t}(1)\geqslant K$.

注记 3.1.2　我们可证 $J_{X,0}(1)=\sup\{\sqrt{2\varepsilon(1-\delta_X(\varepsilon))}, 0\leqslant\varepsilon\leqslant 2\}$.

推论 3.1.1　对任意 Banach 空间 X 有,

$$J_{X,t}(1)\geqslant\left(\frac{\varepsilon_0^t+2^t}{2}\right)^{\frac{1}{t}},\quad -\infty<t<+\infty, t\neq 0.$$

推论 3.1.2　设 H 是 Hilbert 空间, $t\neq 0$, 则 $J_{H,t}(1)=\max\left\{\sqrt{2}, 2^{1-\frac{1}{t}}\right\}$.

证明　由定理 3.1.1, 和 H 是 Hilbert 空间, 故 $\delta_H(\varepsilon)=1-\sqrt{1-\frac{\varepsilon^2}{4}}$.

从而

$$J_{H,t}(1) = \sup\left\{\left(\frac{\varepsilon^t + 2^t\left(1 - \dfrac{\varepsilon^2}{4}\right)^{\frac{t}{2}}}{2}\right)^{\frac{1}{t}}, 0 \leqslant \varepsilon \leqslant 2\right\}.$$

令 $f(\varepsilon) = \left(\dfrac{\varepsilon^t + 2^t\left(1 - \dfrac{\varepsilon^2}{4}\right)^{\frac{t}{2}}}{2}\right)^{\frac{1}{t}}$, 通过微分可知:

若 $0 < t \leqslant 2$, $f_{\max} = f(\sqrt{2}) = \sqrt{2}$.

若 $t < 0$ 或 $t \geqslant 2$, $f_{\max} = f(2) = 2^{1-\frac{1}{t}}$.

因此, $J_{H,t}(1) = \max\{\sqrt{2}, 2^{1-\frac{1}{t}}\}$.

注记 3.1.3 设 $t > 0$, 则对任意 Banach 空间 X 有

$$J_{X,t}(1) \geqslant J_{H,t}(1) \geqslant \max\{\sqrt{2}, 2^{1-\frac{1}{t}}\}.$$

定理 3.1.2 对任意 Banach 空间 X 有, $J_{X,2}(\tau) \leqslant \sqrt{\dfrac{1}{2}J_{X,1}^2(\tau) + 2}$, 其中 $0 \leqslant \tau \leqslant 1$.

证明 对 $a, b \in [0,2]$ 有, $\left(\dfrac{a+b}{2}\right)^2 \geqslant a^2 + b^2 - 4$. 如果 $0 \leqslant \tau \leqslant 1$, 对 $x, y \in S_X$, 有 $\|x + \tau y\| \leqslant 2$, $\|x - \tau y\| \leqslant 2$. 故

$$\left(\frac{\|x + \tau y\| + \|x - \tau y\|}{2}\right)^2 \geqslant \|x + \tau y\|^2 + \|x - \tau y\|^2 - 4.$$

及

$$\frac{\|x + \tau y\|^2 + \|x - \tau y\|^2}{2} \leqslant \frac{1}{2}\left(\frac{\|x + \tau y\| + \|x - \tau y\|}{2}\right)^2 + 2.$$

于是 $J_{X,2}(\tau) \leqslant \sqrt{\dfrac{1}{2}J_{X,1}^2(\tau) + 2}$, 其中 $0 \leqslant \tau \leqslant 1$.

定理 3.1.3 对任何 Banach 空间 X, $J_{X,t}(1) \leqslant \left(\dfrac{J^t + 2^t}{2}\right)^{\frac{1}{t}}$.

证明 因为 $\left(\dfrac{\|x+y\|^t + \|x-y\|^t}{2}\right)^{\frac{1}{t}} \leqslant \left(\dfrac{\min^t\{\|x+y\|, \|x-y\|\} + 2^t}{2}\right)^{\frac{1}{t}}$, 故

有 $J_{X,t}(1) \leqslant \left(\dfrac{J^t + 2^t}{2}\right)^{\frac{1}{t}}$.

根据注 3.1.2, 我们又有下述结果.

定理 3.1.4　对任何 Banach 空间 X 有 $\max\{J(X), \sqrt{2\varepsilon_0(X)}\} \leqslant T(X) = J_{X,0}(1) \leqslant J_{X,1}(1) = A_2(X) \leqslant \sqrt{2C'_{\mathrm{NJ}}(X)} \leqslant \sqrt{2C_{\mathrm{NJ}}(X)}$.

3.2　$l_\infty - l_1$ 空间的 James 型常数

引理 3.2.1([86])　令 $p \geqslant 2$, $-\infty \leqslant t \leqslant p$, 则对一切 $\tau \geqslant 0$ 有

$$J_{l_p,t}(\tau) = \left(\frac{(1+\tau)^p + |1-\tau|^p}{2}\right)^{\frac{1}{p}}.$$

证明　因 $p \geqslant 2$, 根据 Hanner 不等式得

$$\|x+y\|^p + \|x-y\|^p \leqslant (\|x\| + \|y\|)^p + |\|x\| - \|y\||^p.$$

所以当 $x, y \in S_{l_p}$ 时, 对任意 $\tau \geqslant 0$ 有

$$\|x+\tau y\|^p + \|x-\tau y\|^p \leqslant (1+\tau)^p + |1-\tau|^p.$$

故

$$J_{l_p,t}(\tau) \leqslant J_{l_p,p}(\tau) \leqslant \left(\frac{(1+\tau)^p + |1-\tau|^p}{2}\right)^{\frac{1}{p}}.$$

另一方面, 取 $x = 2^{-\frac{1}{p}}(1,1), y = 2^{-\frac{1}{p}}(1,-1)$, 可得

$$\|x \pm \tau y\| = \left(\frac{(1+\tau)^p + |1-\tau|^p}{2}\right)^{\frac{1}{p}}.$$

故

$$J_{l_p,t}(\tau) \geqslant \left(\frac{(1+\tau)^p + |1-\tau|^p}{2}\right)^{\frac{1}{p}}.$$

例 3.2.1　令 $t \geqslant p \geqslant 2$, 则 $J_{l_p,t}(\tau) = \left(\frac{(1+\tau)^t + |1-\tau|^t}{2}\right)^{\frac{1}{t}}$, 其中 $\tau \geqslant 0$.

证明　根据引理 3.2.1, 有 $J_{l_p,p}(\tau) = \left(\frac{(1+\tau)^p + |1-\tau|^p}{2}\right)^{\frac{1}{p}}$. 由 $J_{X,t}(\tau)$ 的定义, 当 $x, y \in S_X$ 时,

$$\left(\frac{\|x+\tau y\|^p + \|x-\tau y\|^p}{2}\right)^{\frac{1}{p}} \leqslant \left(\frac{(1+\tau)^p + |1-\tau|^p}{2}\right)^{\frac{1}{p}}.$$

故 $\|x+\tau y\|^p + \|x-\tau y\|^p \leqslant (1+\tau)^p + |1-\tau|^p$.

为方便起见, 令 $\|x + \tau y\| = a$, 则 $\|x - \tau y\| \leqslant [(1 + \tau)^p + |1 - \tau|^p - a^p]^{\frac{1}{p}}$. 于是有

$$\|x + \tau y\|^t + \|x - \tau y\|^t \leqslant a^t + [(1 + \tau)^p + |1 - \tau|^p - a^p]^{\frac{t}{p}} := f(a).$$

因 $t \geqslant p \geqslant 2$, $f(a)$ 在 $a = \left(\dfrac{(1 + \tau)^p + |1 - \tau|^p}{2} \right)^{\frac{1}{p}}$ 达到最小值, 且当 $|1 - \tau| \leqslant$ $a \leqslant \left(\dfrac{(1 + \tau)^p + |1 - \tau|^p}{2} \right)^{\frac{1}{p}}$ 时, $f'(a) \leqslant 0$, 当 $\left(\dfrac{(1 + \tau)^p + |1 - \tau|^p}{2} \right)^{\frac{1}{p}} \leqslant a \leqslant 1 + \tau$ 时, $f'(a) \geqslant 0$.

通过简单的计算, 可知 $f(1 + \tau) = f(|1 - \tau|) = (1 + \tau)^t + |1 - \tau|^t$. 因而,

$$\left(\frac{\|x + \tau y\|^t + \|x - \tau y\|^t}{2} \right)^{\frac{1}{t}} \leqslant \left(\frac{(1 + \tau)^t + |1 - \tau|^t}{2} \right)^{\frac{1}{t}}, \quad x, y \in S_X.$$

令 $x = y$, 且 $\|x\| = \|y\| = 1$, 则

$$\left(\frac{\|x + \tau y\|^t + \|x - \tau y\|^t}{2} \right)^{\frac{1}{t}} = \left(\frac{(1 + \tau)^t + |1 - \tau|^t}{2} \right)^{\frac{1}{t}}.$$

故 $J_{l_p, t}(\tau) = \left(\dfrac{(1 + \tau)^t + |1 - \tau|^t}{2} \right)^{\frac{1}{t}}$.

例 3.2.2 ($l_\infty - l_1$ 空间)([86])　令 X 为 R^2 赋予范数

$$\|x\| = \|(x_1, x_2)\| = \begin{cases} \max(|x_1|, |x_2|), & x_1 x_2 \geqslant 0, \\ |x_1| + |x_2|, & x_1 x_2 \leqslant 0. \end{cases}$$

(i) 如果 $0 \leqslant \tau \leqslant 1$, 则

$$J_{X, t}(\tau) = \begin{cases} \left(\dfrac{1 + (1 + \tau)^t}{2} \right)^{\frac{1}{t}}, & t \geqslant 1, \\ 1 + \dfrac{\tau}{2}, & t \leqslant 1. \end{cases}$$

(ii) 如果 $\tau \geqslant 1$, 则

$$J_{X, t}(\tau) = \begin{cases} \left(\dfrac{\tau^t + (1 + \tau)^t}{2} \right)^{\frac{1}{t}}, & t \geqslant 1, \\ \tau + \dfrac{1}{2}, & t \leqslant 1. \end{cases}$$

证明　(i) 先考虑 $0 \leqslant \tau \leqslant 1$ 时的情形.

(a) 如果 $t \geqslant 1$, 因 $\rho_X(\tau) = J_{X,1}(\tau) - 1 = \max\left\{\dfrac{\tau}{2}, \tau - \dfrac{1}{2}\right\}$ (引理 2.4.2), 故

$$\left(\frac{\|x + \tau y\|^t + \|x - \tau y\|^t}{2}\right)^{\frac{1}{t}} \leqslant \left(\frac{1 + (1 + \tau)^t}{2}\right)^{\frac{1}{t}}, \quad \forall x, y \in S_X. \tag{3.2.1}$$

事实上, 当 $\|x + \tau y\| \leqslant 1$ 时, (3.2.1) 显然成立; 当 $\|x + \tau y\| = a(1 \leqslant a \leqslant 1 + \tau)$ 时, 则有

$$\left(\frac{\|x + \tau y\|^t + \|x - \tau y\|^t}{2}\right)^{\frac{1}{t}} \leqslant \left(\frac{a^t + [2(1 + \rho_X(\tau)) - a]^t}{2}\right)^{\frac{1}{t}}$$

$$\leqslant \left(\frac{a^t + (2 + \tau - a)^t}{2}\right)^{\frac{1}{t}} =: f(a).$$

注意到函数 $f(a)$ 在 $a = 1$ 达最大值, 故 (3.2.1) 成立. 如果令 $x = (1, 1), y = (0, 1)$, 则 $\|x\| = \|y\| = 1$, 且 $\|x + \tau y\|^t + \|x - \tau y\|^t = 1 + (1 + \tau)^t$.

从而可得 $J_{X,t}(\tau) = \left(\dfrac{1 + (1 + \tau)^t}{2}\right)^{\frac{1}{t}}$.

(b) 若 $t \leqslant 1$, 因为 $J_{X,t}(\tau)$ 关于 t 递增, 故有 $J_{X,t}(\tau) \leqslant J_{X,1}(\tau) = 1 + \dfrac{\tau}{2}$.

令 $x = (1, 1), y = \left(-\dfrac{1}{2}, \dfrac{1}{2}\right)$, 有 $\|x\| = \|y\| = 1$.

也有 $\|x + \tau y\| = \|x - \tau y\| = 1 + \dfrac{\tau}{2}$.

因此, $J_{X,t}(\tau) = 1 + \dfrac{\tau}{2}$.

(ii) 下面考虑 $\tau \geqslant 1$ 的情形.

因为 $J_{X,t}(\tau) = \tau J_{X,t}\left(\dfrac{1}{\tau}\right)$, 易见结论成立.

引理 3.2.2　当 $2 \leqslant p < +\infty$ 且 $\lambda \geqslant 1$, 令 $X_{\lambda,p}$ 为空间 l_p 赋予范数 $|x|_{\lambda,p} = \max\{\|x\|_p, \lambda\|x\|_\infty\}$, 则
当 $\lambda \leqslant 2^{\frac{1}{p}}$, 有

$$\delta_{X_{\lambda,p}}(\varepsilon) = \begin{cases} 0, & 0 \leqslant \varepsilon \leqslant 2(\lambda^p - 1)^{\frac{1}{p}}, \\ 1 - \lambda\left(1 - \left(\dfrac{\varepsilon}{2\lambda}\right)^p\right)^{\frac{1}{p}}, & 2(\lambda^p - 1)^{\frac{1}{p}} \leqslant \varepsilon \leqslant 2. \end{cases}$$

当 $\lambda \geqslant 2^{\frac{1}{p}}$, 有 $\delta_{X_{\lambda,p}}(\varepsilon) = 0$, 其中 $0 \leqslant \varepsilon \leqslant 2$.

证明　由范数的定义, 可知对一切 $x \in l_p$ 有 $\|x\|_p \leqslant |x|_{\lambda,p} \leqslant \lambda\|x\|_p$.

(A) 当 $\lambda \leqslant 2^{\frac{1}{p}}$ 时.

(a) 先证 $\varepsilon_0(X_{\lambda,p}) \geqslant 2(\lambda^p - 1)^{\frac{1}{p}}$. 令

$$x = \left(\frac{1}{\lambda}, -\frac{(\lambda^p - 1)^{\frac{1}{p}}}{\lambda}, 0, \cdots \right), \quad y = \left(\frac{1}{\lambda}, \frac{(\lambda^p - 1)^{\frac{1}{p}}}{\lambda}, 0, \cdots \right),$$

有 $|x|_{\lambda,p} = |y|_{\lambda,p} = 1$, 且此外 $|x+y|_{\lambda,p} = 2$, $|x-y|_{\lambda,p} = 2(\lambda^p - 1)^{\frac{1}{p}}$. 从而 $\delta_{X_{\lambda,p}}(2(\lambda^p - 1)^{\frac{1}{p}}) = 0$, 且 $\varepsilon_0(X_{\lambda,p}) \geqslant 2(\lambda^p - 1)^{\frac{1}{p}}$.

(b) 对 $X_{\lambda,p}$ 现在估计凸性模 δ.

令 $\varepsilon \in (0, 2]$, $\lambda \leqslant 2^{\frac{1}{p}}$, $x, y \in S_{X_{\lambda,p}}$, $|x-y|_{\lambda,p} \geqslant \varepsilon$, 则 $\|x\|_p \leqslant 1$, $\|y\|_p \leqslant 1$.

由模的联系, 可知 $\|x - y\|_p \geqslant \dfrac{\varepsilon}{\lambda}$. 故

$$1 - \frac{\|x+y\|_p}{2} \geqslant \delta_{l_p}\left(\frac{\varepsilon}{\lambda}\right), \quad \lambda\frac{\|x+y\|_p}{2} \leqslant \lambda\left(1 - \delta_{l_p}\left(\frac{\varepsilon}{\lambda}\right)\right),$$

且 $\dfrac{|x+y|_{\lambda,p}}{2} \leqslant \lambda\left(1 - \delta_{l_p}\left(\dfrac{\varepsilon}{\lambda}\right)\right)$.

故有 $\delta_{X_{\lambda,p}}(\varepsilon) \geqslant 1 - \lambda\left(1 - \delta_{l_p}\left(\dfrac{\varepsilon}{\lambda}\right)\right)$.

因为由定理 1.2.3 知, 当 $p \geqslant 2$ 时, $\delta_{l_p}(\varepsilon) = 1 - \left(1 - \left(\dfrac{\varepsilon}{2}\right)^p\right)^{\frac{1}{p}}$.

故有 $\delta_{X_{\lambda,p}}(\varepsilon) \geqslant 1 - \lambda\left(1 - \left(\dfrac{\varepsilon}{2\lambda}\right)^p\right)^{\frac{1}{p}}$. 因此, 当 $\varepsilon > 2(\lambda^p - 1)^{\frac{1}{p}}$ 时, 有 $\delta_{X_{\lambda,p}}(\varepsilon) > 0$. 故 $\varepsilon_0(X_{\lambda,p}) = 2(\lambda^p - 1)^{\frac{1}{p}}$.

现取 $\varepsilon_0 \leqslant \varepsilon \leqslant 2$. 并令

$$x = \left(\frac{1}{2}\left(2^p - \left(\frac{\varepsilon}{\lambda}\right)^p\right)^{\frac{1}{p}}, -\frac{\varepsilon}{2\lambda}, 0, \cdots \right), \quad y = \left(\frac{1}{2}\left(2^p - \left(\frac{\varepsilon}{\lambda}\right)^p\right)^{\frac{1}{p}}, \frac{\varepsilon}{2\lambda}, 0, \cdots \right).$$

我们有 $\|x\|_p = \|y\|_p = 1$.

(i) 如果 $\varepsilon \leqslant 2^{1-\frac{1}{p}}\lambda$, 因 $\varepsilon \geqslant \varepsilon_0(X_{\lambda,p}) = 2(\lambda^p - 1)^{\frac{1}{p}}$, 故

$$\lambda\|x\|_\infty = \frac{1}{2}(2^p\lambda^p - \varepsilon^p)^{\frac{1}{p}} \leqslant \frac{1}{2}(2^p\lambda^p - 2^p\lambda^p + 2^p)^{\frac{1}{p}} = 1.$$

从而 $|x|_{\lambda,p} = |y|_{\lambda,p} = 1$.

(ii) 如果 $\varepsilon \geqslant 2^{1-\frac{1}{p}}\lambda$, 则 $\lambda\|x\|_\infty = \dfrac{\varepsilon}{2} \leqslant 1$, 故 $|x|_{\lambda,p} = |y|_{\lambda,p} = 1$.

通过简单的计算, 可得 $|x+y|_{\lambda,p} = (2^p\lambda^p - \varepsilon^p)^{\frac{1}{p}}$, $|x-y|_{\lambda,p} = \varepsilon$.

故 $\delta_{X_{\lambda,p}}(\varepsilon) \leqslant 1 - \lambda\left(1 - \left(\dfrac{\varepsilon}{2\lambda}\right)^p\right)^{\frac{1}{p}}$, 于是 $\delta_{X_{\lambda,p}}(\varepsilon) = 1 - \lambda\left(1 - \left(\dfrac{\varepsilon}{2\lambda}\right)^p\right)^{\frac{1}{p}}$.

故
$$\delta_{X_{\lambda,p}}(\varepsilon) = \begin{cases} 0, & 0 \leqslant \varepsilon \leqslant 2(\lambda^p - 1)^{\frac{1}{p}}, \\ 1 - \lambda\left(1 - \left(\dfrac{\varepsilon}{2\lambda}\right)^p\right)^{\frac{1}{p}}, & 2(\lambda^p - 1)^{\frac{1}{p}} \leqslant \varepsilon \leqslant 2. \end{cases}$$

(B) 如果 $\lambda \geqslant 2^{\frac{1}{p}}$, 则 $\varepsilon_0(X_{\lambda,p}) = 2$.

令 $x = \left(\dfrac{1}{\lambda}, \dfrac{1}{\lambda}, 0, \cdots\right), y = \left(-\dfrac{1}{\lambda}, \dfrac{1}{\lambda}, 0, \cdots\right)$, 则有 $|x|_{\lambda,p} = |y|_{\lambda,p} = 1$, 且

$$|x + y|_{\lambda,p} = 2, \quad |x - y|_{\lambda,p} = 2.$$

故 $\delta_{X_{\lambda,p}}(2) = 0$, 且 $\varepsilon_0(X_{\lambda,p}) = 2$.

因此 $\delta_{X_{\lambda,p}}(\varepsilon) = 0$, $0 \leqslant \varepsilon \leqslant 2$.

例 3.2.3 设 $2 \leqslant p < +\infty$ 且 $\lambda \geqslant 1$, 令 $X_{\lambda,p}$ 是 l_p 赋予范数 $|x|_{\lambda,p} = \max\{\|x\|_p, \lambda\|x\|_\infty\}$,

(i) 若 $\lambda \leqslant 2^{\frac{1}{p}}$, 则

$$J_{X,t}(1) = \begin{cases} 2^{1-\frac{1}{t}}[1 + (\lambda^p - 1)^{\frac{t}{p}}]^{\frac{1}{t}}, & t \geqslant p, \\ 2^{1-\frac{1}{p}}\lambda, & t \leqslant p. \end{cases} \tag{3.2.2}$$

(ii) 若 $\lambda \geqslant 2^{\frac{1}{p}}$ 则 $J_{X,t}(1) = 2$.

证明 (i) 若 $\lambda \leqslant 2^{\frac{1}{p}}$, 根据引理 3.2.3, 有

$$\delta_{X_{\lambda,p}}(\varepsilon) = \begin{cases} 0, & 0 \leqslant \varepsilon \leqslant 2(\lambda^p - 1)^{\frac{1}{p}}, \\ 1 - \lambda\left(1 - \left(\dfrac{\varepsilon}{2\lambda}\right)^p\right)^{\frac{1}{p}}, & 2(\lambda^p - 1)^{\frac{1}{p}} \leqslant \varepsilon \leqslant 2. \end{cases}$$

当 $t \neq 0, -\infty$ 时,

$$J_{X,t}(1) = \sup\left\{\left(\frac{\varepsilon^t + 2^t(1 - \delta_X(\varepsilon))^t}{2}\right)^{\frac{1}{t}}, 0 \leqslant \varepsilon \leqslant 2\right\}.$$

(a) 如果 $0 \leqslant \varepsilon \leqslant 2(\lambda^p - 1)^{\frac{1}{p}}$,

$$\sup\left\{\left(\frac{\varepsilon^t + 2^t(1 - \delta_{X_{\lambda,p}}(\varepsilon))^t}{2}\right)^{\frac{1}{t}}, 0 \leqslant \varepsilon \leqslant 2(\lambda^p - 1)^{\frac{1}{p}}\right\}$$
$$= \sup\left\{\left(\frac{\varepsilon^t + 2^t}{2}\right)^{\frac{1}{t}}, 0 \leqslant \varepsilon \leqslant 2(\lambda^p - 1)^{\frac{1}{p}}\right\}$$
$$= 2^{1-\frac{1}{t}}[1 + (\lambda^p - 1)^{\frac{t}{p}}]^{\frac{1}{t}}.$$

(b) 如果 $2(\lambda^p - 1)^{\frac{1}{p}} \leqslant \varepsilon \leqslant 2$, 则

$$\left(\frac{\varepsilon^t + 2^t(1 - \delta_X(\varepsilon))^t}{2}\right)^{\frac{1}{t}} = \left(\frac{\varepsilon^t + 2^t\lambda^t[1 - (\frac{\varepsilon}{2\lambda})^p]^{\frac{t}{p}}}{2}\right)^{\frac{1}{t}}.$$

现考虑函数 $f(\varepsilon) = \varepsilon^t + 2^t\lambda^t\left[1 - \left(\frac{\varepsilon}{2\lambda}\right)^p\right]^{\frac{t}{p}} = \varepsilon^t + (2^p\lambda^p - \varepsilon^p)^{\frac{t}{p}}$, 经计算可知

$f'(\varepsilon) = t[\varepsilon^{t-1} - \varepsilon^{p-1}(2^p\lambda^p - \varepsilon^p)^{\frac{t}{p}-1}]$.

令 $f'(\varepsilon) = 0$, 则 $\varepsilon = 2^{1-\frac{1}{p}}\lambda$. 且

$$f(2^{1-\frac{1}{p}}\lambda) = 2^{t+1-\frac{t}{p}}\lambda^t, \quad f(2) = 2^t + 2^t(\lambda^p - 1)^{\frac{t}{p}}.$$

当 $t \geqslant p$ 时, $f_{\max} = f(2) = 2^t + 2^t(\lambda^p - 1)^{\frac{t}{p}}$,

当 $0 < t \leqslant p$ 时, $f_{\max} = f(2^{1-\frac{1}{p}}\lambda) = 2^{t+1-\frac{t}{p}}\lambda^t$.

当 $t < 0$ 时, $f_{\min} = f(2^{1-\frac{1}{p}}\lambda)$. 由 (a) 和 (b), 可知

$$J_{X,t}(1) = \begin{cases} 2^{1-\frac{1}{t}}[1 + (\lambda^p - 1)^{\frac{t}{p}}]^{\frac{1}{t}}, & t \geqslant p, \\ 2^{1-\frac{1}{p}}\lambda, & t \leqslant p, \ t \neq 0, -\infty. \end{cases}$$

当 $t = 0$ 时, 也有 $J_{X,0}(1) = 2^{1-\frac{1}{p}}\lambda$, 且 $J(X) = 2^{1-\frac{1}{p}}\lambda$, 故 (3.2.2) 成立.

(ii) $\lambda \geqslant 2^{\frac{1}{p}}$, 因 $\delta_X(\varepsilon) = 0$, 则 $\varepsilon_0(X) = 2$.

故 X 不是一致非方的, 于是有 $J_{X,t}(1) = 2$.

特别地, 令 $t = -\infty$, 我们得到 Kato 的如下结果.

推论 3.2.1 设 $2 \leqslant p < \infty, \lambda \geqslant 1$, 则 $J(X_{\lambda,p}) = \min\{2, \lambda 2^{1-\frac{1}{p}}\}$.

3.3 $l_\infty - l_p(p \geqslant 2)$ 空间的 James 型常数

由于 $J_{X,t}(\tau) = \tau J_{X,t}\left(\frac{1}{\tau}\right)$ 对任意 $\tau > 0$ 成立, 下面仅考虑 $0 \leqslant \tau \leqslant 1$ 的情形. 首先给出下列不等式.

定理 3.3.1([75]) 令 $t \geqslant 1$ 及 $0 \leqslant \tau \leqslant 1$. 则

$$[1 + \rho_X(\tau)]^t \leqslant J_{X,t}^t(\tau) \leqslant \frac{(1+\tau)^t + [2(1 + \rho_X(\tau)) - (1+\tau)]^t}{2}, \quad (3.3.1)$$

其中 $\rho_X(\tau)$ 表示 Banach 空间 X 的光滑模. 特别地, $\rho_X(\tau) = \tau$ 当且仅当 $J_{X,t}(\tau) = 1 + \tau$.

证明　设 $0 \leqslant \tau \leqslant 1$. 由当 $t \geqslant 1$ 时, $f(x) = x^t$ 是凸函数, 结论中第一个不等式显然由下列不等式可知:

$$\left(\frac{\|x + \tau y\| + \|x - \tau y\|}{2} \right)^t \leqslant \frac{\|x + \tau y\|^t + \|x - \tau y\|^t}{2}.$$

为证第二个不等式, 只要证明对一切 $x, y \in S_X$ 有

$$\|x + \tau y\|^t + \|x - \tau y\|^t \leqslant (1 + \tau)^t + [2(1 + \rho_X(\tau)) - (1 + \tau)]^t. \tag{3.3.2}$$

事实上, 令 $u = \max\{\|x + \tau y\|, \|x - \tau y\|\}$, 则 $1 \leqslant u \leqslant 1 + \tau$. 注意到 $\|x + \tau y\|^t + \|x - \tau y\|^t = u^t + [\min\{\|x + \tau y\|, \|x - \tau y\|\}]^t$, 故

$$\|x + \tau y\|^t + \|x - \tau y\|^t \leqslant u^t + [2(1 + \rho_X(\tau)) - u]^t =: g(u). \tag{3.3.3}$$

又因为函数 $g(u)$ 满足 $g(1 + \tau) = g(2(1 + \rho_X(\tau)) - (1 + \tau))$, 且它在 $[2(1 + \rho_X(\tau)) - (1 + \tau), 1 + \rho_X(\tau)]$ 上递降, 在 $[1 + \rho_X(\tau), 1 + \tau]$ 上递增, 故当 $u \in [2(1 + \rho_X(\tau)) - (1 + \tau), 1 + \tau]$ 时 (3.3.2) 成立. 另外当 $1 \leqslant u \leqslant 2(1 + \rho_X(\tau)) - (1 + \tau)$ 时, 又有

$$\|x + \tau y\|^t + \|x - \tau y\|^t \leqslant (1 + \tau)^t + u^t \leqslant (1 + \tau)^t + [2(1 + \rho_X(\tau)) - (1 + \tau)]^t.$$

故得 (3.3.2).

注记 3.3.1　在定理 3.3.1 的条件下, 有

$$[1 + \rho_X(\tau)]^t \leqslant J_{X,t}^t(\tau) \leqslant 2^{t-1}(1 + \rho_X(\tau))^t.$$

且当 $0 \leqslant t \leqslant 1$ 时, 有

$$2^{t-1}[1 + \rho_X(\tau)]^t \leqslant J_{X,t}^t(\tau) \leqslant (1 + \rho_X(\tau))^t. \tag{3.3.4}$$

事实上, (3.3.4) 可由下面不等式得出 (对一切 $x, y \in S_X$, 及 $\tau \in [0, 1]$)

$$(\|x + \tau y\| + \|x - \tau y\|)^t \leqslant \|x + \tau y\|^t + \|x - \tau y\|^t \leqslant 2^{1-t}(\|x + \tau y\| + \|x - \tau y\|)^t.$$

由 (3.3.1) 及 $\rho_X(1) = \rho_{X^*}(1)$, 可得

推论 3.3.1　令 $t \geqslant 1$, 则

$$|J_{X,t}(1) - J_{X^*,t}(1)| \leqslant 2^{1 - \frac{1}{t}}[1 + \rho_X(1)^t]^{\frac{1}{t}} - (1 + \rho_X(1)) \leqslant (2^{1 - \frac{1}{t}} - 1)(1 + \rho_X(1)),$$

及

$$|J_{X,t}^t(1) - J_{X^*,t}^t(1)| \leqslant 2^{t-1}[1 + \rho_X(1)^t] - (1 + \rho_X(1))^t,$$

其中 X^* 是 X 的共轭空间.

注记 3.3.2　应用推论 3.3.1 和 $E(X) = 2J_{X,2}^2(1)$, 可知

$$|E(X^*) - E(X)| \leqslant 2(1 - \rho_X(1))^2. \tag{3.3.5}$$

若令 $X = l_2 - l_1$, 则 $E(X^*) = 3 + 2\sqrt{2}$, $E(X) = 6$, 及 $\rho_X(1) = \rho_{X^*}(1) = \dfrac{1}{\sqrt{2}}$ ([67] 和下面的定理 3.3.2), 因而 (3.3.5) 中等式成立.

注记 3.3.3　利用 (3.3.1) 及 (3.3.4), 我们可简单地计算出上节中 $l_\infty - l_1$ 的 James 型常数. 且该例子表明 (3.3.1) 第二个不等式对某个空间可变为等式. 为了说明 (3.3.1) 第一个不等式对某个空间可变为等式, 我们给出下面的结果.

定理 3.3.2　令 $1 \leqslant t \leqslant p \leqslant \infty, 2 \leqslant p$ 及 $0 \leqslant \tau \leqslant 1$. 则

$$J_{X,t}(\tau) = 1 + 2^{-\frac{1}{p}}\tau = 1 + \rho_X(\tau), \tag{3.3.6}$$

其中 $X = l_\infty - l_p$ 空间, 即 R^2 赋予下面的范数构成的空间:

$$\|x\| = \|(x_1, x_2)\|_{\infty,p} = \begin{cases} \max(|x_1|, |x_2|), & x_1 x_2 \geqslant 0; \\ (|x_1|^p + |x_2|^p)^{\frac{1}{p}}, & x_1 x_2 \leqslant 0. \end{cases}$$

在证明定理 3.3.2 之前, 先给出下面的引理.

引理 3.3.1　(i) 如果 $p \geqslant t \geqslant 1$ 及 $\tau \geqslant 0$, 则

$$1 + (1 + \tau)^t \leqslant 2(1 + 2^{-\frac{1}{t}}\tau)^t \leqslant 2(1 + 2^{-\frac{1}{p}}\tau)^t. \tag{3.3.7}$$

(ii) 如果 $1 \leqslant p$ 及 $0 \leqslant \tau \leqslant 1$, 则

$$2[(1 + \tau)^p + (1 - \tau)^p] \leqslant (2^{\frac{2}{p}} + \tau)^p. \tag{3.3.8}$$

证明　(i) 令 $f(\tau) = 2(1 + 2^{-\frac{1}{t}}\tau)^t - [1 + (1 + \tau)^t]$; 则 $f'(\tau) = t[(2^{\frac{1}{t}} + \tau)^{t-1} - (1 + \tau)^{t-1}] \geqslant 0$. 因此, $f(\tau) \geqslant f(0) = 0$.

(ii) 令 $h(u) = \left\{ \dfrac{(2^{\frac{2}{p}} + 1)u + 2^{\frac{2}{p}} - 1}{2} \right\}^p - 2u^p - 2.$ 如果 $u \geqslant 1$, 则

$$h'(u) = p\frac{2^{\frac{2}{p}} + 1}{2} \left\{ \frac{(2^{\frac{2}{p}} + 1)u + 2^{\frac{2}{p}} - 1}{2} \right\}^{p-1} - 2pu^{p-1}$$

$$\geqslant p\left(\frac{2^{\frac{2}{p}} + 1}{2} \right)^p u^{p-1} - 2pu^{p-1}$$

$$\geqslant p[2^{\frac{1}{p}}]^p u^{p-1} - 2pu^{p-1} = 0.$$

故 $h(u) \geqslant h(1) = 0$, 即有

$$2u^p + 2 \leqslant \left\{ \frac{2^{\frac{2}{p}}(u+1) + u - 1}{2} \right\}^p. \tag{3.3.9}$$

现令 $u = \dfrac{1+\tau}{1-\tau}$, 其中 $\tau \in [0, 1)$, 则由 (3.3.9) 可得 (3.3.8). 又 (3.3.8) 对 $\tau = 1$ 显然成立.

引理 3.3.2　令 $\tau \geqslant 0$, 且 $1 \leqslant t \leqslant p$, 则

$$\sup\{(1 + c\tau)^t + (1 + b\tau)^t : b^p + c^p = 1, b \geqslant 0, c \geqslant 0\} = 2(1 + 2^{-\frac{1}{p}}\tau)^t. \tag{3.3.10}$$

证明　不妨设 $\tau > 0$ 及 $t > 1$. 令 $F(b) = [1 + (1 - b^p)^{\frac{1}{p}}\tau]^t + (1 + b\tau)^t$, 若 $F'(b) = 0$ 对某 $0 < b < 1$, 由 $b^p + c^p = 1$ 可知,

$$\frac{1 + c\tau}{1 + b\tau} = \left[\frac{c}{b} \right]^{\frac{p-1}{t-1}}. \tag{3.3.11}$$

然而, 当 $c > b$, 则 (3.3.11) 蕴含 $\dfrac{1 + c\tau}{1 + b\tau} = \left[\dfrac{c}{b} \right]^{\frac{p-1}{t-1}} \geqslant \dfrac{c}{b}$, 故 $b \geqslant c$, 矛盾. 同理若 $c < b$, 则 (3.3.11) 又蕴含 $c \geqslant b$. 故必有 $c = b = 2^{-\frac{1}{p}}$. 从而由 (3.3.7) 得 (3.3.10).

引理 3.3.3　(i) 如果 $x \geqslant 1$ 且 $p \geqslant 2$, 则

$$(x+1)^p + (x-1)^p + 2^p \leqslant (1 + 2^{\frac{1}{p}}(1 + x^p)^{\frac{1}{p}})^p; \tag{3.3.12}$$

(ii) 若 $0 \leqslant \tau \leqslant 2^{-\frac{1}{p}}$ 且 $p \geqslant 2$, 则

$$[(1 - \tau^p)^{\frac{1}{p}} + \tau]^p + [(1 - \tau^p)^{\frac{1}{p}} - \tau]^p + (2\tau)^p \leqslant 2(1 + 2^{-\frac{1}{p}}\tau)^p. \tag{3.3.13}$$

证明　(i) 令 $f(x) = (1 + 2^{\frac{1}{p}}(1 + x^p)^{\frac{1}{p}})^p - (x+1)^p - (x-1)^p - 2^p$, 则

$$f'(x) = p\{2^{\frac{1}{p}}[2^{\frac{1}{p}} + (1 + x^p)^{-\frac{1}{p}}]^{p-1}x^{p-1} - (x+1)^{p-1} - (x-1)^{p-1}\}.$$

由 (3.3.8) 及 $(1+x^{-p})^{\frac{1}{p}} \leqslant 2^{\frac{1}{p}} \leqslant 2^{\frac{-1}{p}+\frac{2}{p-1}}$, 可知

$$(1+x^{-1})^{p-1} + (1-x^{-1})^{p-1} \leqslant 2^{-1}(2^{\frac{2}{p-1}} + x^{-1})^{p-1}$$

$$\leqslant 2^{-1}(2^{\frac{2}{p-1}} + 2^{\frac{-1}{p}+\frac{2}{p-1}}(1+x^p)^{-\frac{1}{p}})^{p-1}$$

$$= 2(1 + 2^{-\frac{1}{p}}(1+x^p)^{-\frac{1}{p}})^{p-1}$$

$$= 2^{\frac{1}{p}}[2^{\frac{1}{p}} + (1+x^p)^{-\frac{1}{p}}]^{p-1}.$$

故 $f'(x) \geqslant 0$ 及 $f(x) \geqslant f(1) \geqslant 0$.

(ii) 应用 (3.3.12), 有

$$(1+u)^p + (1-u)^p + (2u)^p \leqslant (2^{\frac{1}{p}}(1+u^p)^{\frac{1}{p}} + u)^p$$

对任意的 $u \in [0,1]$, 及 $p \geqslant 2$. 现令 $u = \dfrac{\tau}{(1-\tau^p)^{\frac{1}{p}}}$, 可得 (3.3.13).

定理 3.3.3 的证明   不妨设 $p \neq \infty$. 下面先证明

$$\|x + \tau y\|^t + \|x - \tau y\|^t \leqslant 2(1 + 2^{-\frac{1}{p}}\tau)^t \tag{3.3.14}$$

对一切 $x, y \in S_X$ 成立.

可设 $\tau \in (0,1]$. 由对称性, 我们只需考虑下面两种情形 (I) 和 (II). 例如, 对 $x = (1,a)$ 及 $y = (y_1, y_2)$ 于 S_X 上, 我们可把 x, y 分别当作 x', y', 其中 $x' = (a,1)$, 及 $y' = (y_2, y_1)$.

情形 (I) $x = (a,1), a \in [0,1]$.

(Ia) $y = (1,b)$, 或 $(b,1)$, 其中 $b \in [0,1]$. 则 $\|y\|_{\infty,1} = \|x\|_{\infty,1} = 1$; 故由例 3.2.2 及 (3.3.7),

$$\|x + \tau y\|^t + \|x - \tau y\|^t \leqslant \|x + \tau y\|_{\infty,1}^t + \|x - \tau y\|_{\infty,1}^t \leqslant 1 + (1+\tau)^t \leqslant 2(1+2^{-\frac{1}{p}}\tau)^t. \tag{3.3.15}$$

(Ib) $y = (-b,c)$, 其中 $b^p + c^p = 1, b \in [0,1]$ 及 $c \in [0,1]$. 则 $x + \tau y = (a - \tau b, 1 + \tau c), x - \tau y = (a + \tau b, 1 - \tau c)$.

(i) 如果 $0 \leqslant a - \tau b \leqslant 1 + \tau c$ 且 $0 \leqslant a + \tau b \leqslant 1 - \tau c$, 则

$$\|x + \tau y\|^t + \|x - \tau y\|^t = (1 + \tau c)^t + (1 - \tau c)^t \leqslant 1 + (1+\tau)^t \leqslant 2(1 + 2^{-\frac{1}{p}}\tau)^t;$$

(ii) 如果 $0 \leqslant a - \tau b \leqslant 1 + \tau c$ 且 $0 \leqslant 1 - \tau c \leqslant a + \tau b$, 则 (3.3.10) 蕴含

$$\|x + \tau y\|^t + \|x - \tau y\|^t \leqslant (1 + \tau c)^t + (1 + \tau b)^t \leqslant 2(1 + 2^{-\frac{1}{p}}\tau)^t;$$

(iii) 如果 $a - \tau b \leqslant 0$ 及 $0 \leqslant 1 - \tau c \leqslant a + \tau b$, 则

$$
\begin{aligned}
\|x + \tau y\|^t + \|x - \tau y\|^t &= [(b\tau - a)^p + (1 + \tau c)^p]^{\frac{t}{p}} + (a + \tau b)^t \\
&\leqslant (b\tau - a)^t + (a + \tau b)^t + (1 + \tau c)^t \\
&\leqslant (2b\tau)^t + (1 + \tau c)^t \\
&\leqslant (1 + \tau b)^t + (1 + \tau c)^t \leqslant 2(1 + 2^{-\frac{1}{p}}\tau)^t;
\end{aligned}
$$

(iv) 如果 $a - \tau b \leqslant 0$ 且 $0 \leqslant a + \tau b \leqslant 1 - \tau c$, 则

$$
\begin{aligned}
\|x + \tau y\|^t + \|x - \tau y\|^t &= [(b\tau - a)^p + (1 + \tau c)^p]^{\frac{t}{p}} + (1 - \tau c)^t \\
&\leqslant (b\tau - a)^t + (1 + \tau c)^t + (1 - \tau c)^t \\
&\leqslant (1 + \tau c)^t + (1 - \tau c + b\tau - a)^t \\
&\leqslant (1 + \tau c)^t + (1 + \tau b)^t \leqslant 2(1 + 2^{-\frac{1}{p}}\tau)^t.
\end{aligned}
$$

情形 (II) $x = (-b, c)$, 其中 $b^p + c^p = 1, b, c \in [0, 1]$.

(IIa) $y = (1, a)$, 其中 $a \in [0, 1]$. 则 $x + \tau y = (-b + \tau, c + a\tau), x - \tau y = (-b - \tau, c - a\tau)$.

(i) 如果 $0 \leqslant \tau - b \leqslant c + a\tau$ 且 $c - a\tau \leqslant 0$, 则 (3.3.10) 蕴含

$$
\begin{aligned}
\|x + \tau y\|^t + \|x - \tau y\|^t &= (c + a\tau)^t + (b + \tau)^t \\
&\leqslant \tau^t [(1 + b/\tau)^t + (1 + c/\tau)^t] \\
&\leqslant 2\tau^t (1 + 2^{-\frac{1}{p}}/\tau)^t \\
&= 2(\tau + 2^{-\frac{1}{p}})^t \\
&\leqslant 2(1 + 2^{-\frac{1}{p}}\tau)^t;
\end{aligned}
$$

(ii) 假设 $0 \leqslant \tau - b \leqslant c + a\tau$ 且 $c - a\tau \geqslant 0$.

首先, 先证明下面不等式对 $b \leqslant \tau \leqslant c$ 且 $\tau \geqslant 2^{-\frac{1}{p}}$ 成立.

$$
(c + \tau)^p + (b + \tau)^p + (c - \tau)^p \leqslant (2\tau)^p + [(1 - \tau^p)^{\frac{1}{p}} + \tau]^p. \tag{3.3.16}
$$

事实上, 令 $h(c) = (c + \tau)^p + ((1 - c^p)^{\frac{1}{p}} + \tau)^p + (c - \tau)^p$, 则有

$$
\begin{aligned}
h'(c) &= p[(c + \tau)^{p-1} + (c - \tau)^{p-1} - (b + \tau)^{p-1} b^{1-p} c^{p-1}] \\
&\leqslant p b^{1-p} c^{p-1} [(2b)^{p-1} - (b + \tau)^{p-1}] \leqslant 0.
\end{aligned}
$$

故, $h(c)$ 关于 c 在 $(1-\tau^p)^{\frac{1}{p}} \leqslant \tau \leqslant c$ 上递降. 从而, (3.3.16) 成立. (3.3.16) 又蕴含

$$
\begin{aligned}
\|x+\tau y\|^t + \|x-\tau y\|^t &= (c+a\tau)^t + [(b+\tau)^p + (c-a\tau)^p]^{\frac{t}{p}} \\
&\leqslant 2^{1-\frac{t}{p}}[(c+a\tau)^p + (b+\tau)^p + (c-a\tau)^p]^{\frac{t}{p}} \\
&\leqslant 2^{1-\frac{t}{p}}[(c+\tau)^p + (b+\tau)^p + (c-\tau)^p]^{\frac{t}{p}} \\
&\leqslant 2^{1-\frac{t}{p}}[(\tau+\tau)^p + ((1-\tau^p)^{\frac{1}{p}} + \tau)^p]^{\frac{t}{p}} \\
&\leqslant 2^{1-\frac{t}{p}}[(\tau^p + 1 - \tau^p)^{\frac{1}{p}} + (\tau^p + \tau^p)^{\frac{1}{p}}]^t \\
&= 2(2^{-\frac{1}{p}} + \tau)^t \leqslant 2(1 + 2^{-\frac{1}{p}}\tau)^t.
\end{aligned}
$$

其次, 若 $b \leqslant \tau \leqslant c$ 且 $0 \leqslant \tau \leqslant 2^{-\frac{1}{p}}$, 则 $h(c)$ 关于 c 在 $\tau \leqslant (1-\tau^p)^{\frac{1}{p}} \leqslant c$ 上递降; 故

$$
(c+\tau)^p + (b+\tau)^p + (c-\tau)^p \leqslant [(1-\tau^p)^{\frac{1}{p}} + \tau]^p + [(1-\tau^p)^{\frac{1}{p}} - \tau]^p + (2\tau)^p. \quad (3.3.17)
$$

现在 (3.3.17) 及 (3.3.13) 可蕴含

$$
\begin{aligned}
\|x+\tau y\|^t + \|x-\tau y\|^t &= (c+a\tau)^t + [(b+\tau)^p + (c-a\tau)^p]^{\frac{t}{p}} \\
&\leqslant 2^{1-\frac{t}{p}}[(c+a\tau)^p + (b+\tau)^p + (c-a\tau)^p]^{\frac{t}{p}} \\
&\leqslant 2^{1-\frac{t}{p}}\{[(1-\tau^p)^{\frac{1}{p}} + \tau]^p + [(1-\tau^p)^{\frac{1}{p}} - \tau]^p + (2\tau)^p\}^{\frac{t}{p}} \\
&\leqslant 2(1 + 2^{-\frac{1}{p}}\tau)^t.
\end{aligned}
$$

最后, 如果 $c \leqslant \tau$, 则

$$
\begin{aligned}
\|x+\tau y\|^t + \|x-\tau y\|^t &= (c+a\tau)^t + [(b+\tau)^p + (c-a\tau)^p]^{\frac{t}{p}} \\
&\leqslant (c+a\tau)^t + (b+\tau)^t + (c-a\tau)^t \\
&\leqslant (2c)^t + (b+\tau)^t \\
&\leqslant (c+\tau)^t + (b+\tau)^t \\
&\leqslant 2(1 + 2^{-\frac{1}{p}}\tau)^t.
\end{aligned}
$$

(iii) 若 $\tau \leqslant b$ 且 $c - a\tau \leqslant 0$, 则 $c \leqslant \tau$. 由 b, c 的对称性及 (ii), 也有 $\|x+\tau y\|^t + \|x-\tau y\|^t = (b+\tau)^t + [(b-\tau)^p + (c+a\tau)^p]^{\frac{t}{p}} \leqslant 2(1 + 2^{-\frac{1}{p}}\tau)^t$.

(iv) 如果 $\tau \leqslant b$ 且 $c - a\tau \geqslant 0$, 则 $\tau^p(1+a^p) \leqslant b^p + c^p = 1$.

(a) 当 $0 \leqslant \tau \leqslant 2^{-\frac{1}{p}}$, 由 $\|x\|_p = 1, \|y\|_p = (1 + a^p)^{\frac{1}{p}}$ 并应用引理 3.3.4 和 (3.3.8), 可知

$$\begin{aligned}
\|x + \tau y\|^t + \|x - \tau y\|^t &= \|x + \tau y\|_p^t + \|x - \tau y\|_p^t \\
&\leqslant 2 J_{l_p, t}((1 + a^p)^{\frac{1}{p}} \tau)^t \\
&\leqslant 2 J_{l_p, t}(2^{\frac{1}{p}} \tau)^t \\
&= 2 \left[\frac{(1 + 2^{\frac{1}{p}} \tau)^p + (1 - 2^{\frac{1}{p}} \tau)^p}{2} \right]^{\frac{t}{p}} \\
&\leqslant 2 \left[\frac{(2^{\frac{2}{p}} + 2^{\frac{1}{p}} \tau)^p}{4} \right]^{\frac{t}{p}} \\
&= 2 \left(1 + 2^{-\frac{1}{p}} \tau \right)^t.
\end{aligned}$$

(b) 如果 $2^{-\frac{1}{p}} \leqslant \tau \leqslant (1 + a^p)^{-\frac{1}{p}}$, 则

$$\begin{aligned}
\|x + \tau y\|^t + \|x - \tau y\|^t &= \|x + \tau y\|_p^t + \|x - \tau y\|_p^t \\
&\leqslant 2 J_{l_p, t}((1 + a^p)^{\frac{1}{p}} \tau)^t \\
&= 2 \left[\frac{(1 + (1 + a^p)^{\frac{1}{p}} \tau)^p + (1 - (1 + a^p)^{\frac{1}{p}} \tau)^p}{2} \right]^{\frac{t}{p}} \\
&\leqslant 2 (2^{p-1})^{\frac{t}{p}} \\
&\leqslant 2 \left(2^{-\frac{1}{p}} + \tau \right)^t \\
&\leqslant 2 (1 + 2^{-\frac{1}{p}} \tau)^t.
\end{aligned}$$

(IIb) $y = (-b_1, c_1)$, 其中 $b_1^p + c_1^p = 1, b_1, c_1 \in [0, 1]$. 则 $\|x\|_p = \|y\|_p = 1$, 且 (3.3.8) 蕴含

$$\begin{aligned}
\|x + \tau y\|^t + \|x - \tau y\|^t &\leqslant \|x + \tau y\|_p^t + \|x - \tau y\|_p^t \\
&\leqslant 2 J_{l_p, t}(\tau)^t \\
&= 2 \left[\frac{(1 + \tau)^p + (1 - \tau)^p}{2} \right]^{\frac{t}{p}} \\
&\leqslant 2 (1 + 2^{-\frac{2}{p}} \tau)^t \\
&\leqslant 2 (1 + 2^{-\frac{1}{p}} \tau)^t.
\end{aligned}$$

(IIc) $y = (a, 1)$. 令 $x' = (-c, b)$, $y' = (1, a)$, 则 $\|x \pm \tau y\| = \|-x \mp \tau y\| = \|x' \mp \tau y'\|$. 故该情形可转化为情形 (IIa).

总之, (3.3.14) 成立, 并有 $J_{X,t}(\tau) \leqslant 1 + 2^{-\frac{1}{p}} \tau$. 另外, 若令 $x = (1, 1)$ 及 $y = (-2^{-\frac{1}{p}}, 2^{-\frac{1}{p}})$, 有 $\|x + \tau y\|^t + \|x - \tau y\|^t = 2(1 + 2^{-\frac{1}{p}} \tau)^t$. 故, $J_{X,t}(\tau) \geqslant 1 + 2^{-\frac{1}{p}} \tau$.

推论 3.3.2 设 $1 \leqslant t \leqslant p \leqslant \infty, 2 \leqslant p$ 及 $X = l_\infty - l_p$. 则

$$C_t(X) = 1 + 2^{-\frac{2}{p}}.$$

注记 3.3.4 由推论 3.3.2, 可得

$$C_{\mathrm{NJ}}(l_p - l_\infty) = 1 + 2^{-\frac{2}{p}} \qquad (p \geqslant 2); \tag{3.3.18}$$

及

$$C_{\mathrm{NJ}}(l_1 - l_p) = 1 + 2^{\frac{2}{p} - 2} \qquad (1 < p \leqslant 2), \tag{3.3.19}$$

这里 (3.3.19) 可由 (3.3.18) 和 $C_{\mathrm{NJ}}(X) = C_{\mathrm{NJ}}(X^*)$ 得出.

3.4 $l_p - l_1$ 空间的 James 型常数

作为定理 3.3.1 的推广, 我们有

定理 3.4.1([87]) 设 $t_2 \geqslant t_1 \geqslant 1$ 且 $0 \leqslant \tau \leqslant 1$. 则对任意的 Banach 空间 X 有,

$$J_{X,t_1}^{t_2}(\tau) \leqslant J_{X,t_2}^{t_2}(\tau) \leqslant \frac{(1 + \tau)^{t_2} + [2J_{X,t_1}^{t_1}(\tau) - (1 + \tau)^{t_1}]^{\frac{t_2}{t_1}}}{2}. \tag{3.4.1}$$

特别地, $J_{X,t_1}(\tau) = 1 + \tau$ 当且仅当 $J_{X,t_2}(\tau) = 1 + \tau$.

证明 令 $0 \leqslant \tau \leqslant 1$. 因为 $t_2 \geqslant t_1 \geqslant 1$, 故函数 $f(x) = x^{\frac{t_2}{t_1}}$ 是一个凸函数, 结论中第一个不等式由下式可得

$$\left(\frac{\|x + \tau y\|^{t_1} + \|x - \tau y\|^{t_1}}{2}\right)^{\frac{1}{t_1}} \leqslant \left(\frac{\|x + \tau y\|^{t_2} + \|x - \tau y\|^{t_2}}{2}\right)^{\frac{1}{t_2}}.$$

为证第二个不等式, 只要证明对一切 $x, y \in S_X$ 有

$$\|x + \tau y\|^{t_2} + \|x - \tau y\|^{t_2} \leqslant (1 + \tau)^{t_2} + [2J_{X,t_1}^{t_1}(\tau) - (1 + \tau)^{t_1}]^{\frac{t_2}{t_1}}. \tag{3.4.2}$$

令 $u = \max\{\|x + \tau y\|, \|x - \tau y\|\}$ 且 $v = \min\{\|x + \tau y\|, \|x - \tau y\|\}$, 则 $1 \leqslant u \leqslant 1 + \tau$. 注意到 $\|x + \tau y\|^{t_1} + \|x - \tau y\|^{t_1} = u^{t_1} + v^{t_1} \leqslant 2J_{X,t_1}^{t_1}(\tau)$, 易见

$$\|x + \tau y\|^{t_2} + \|x - \tau y\|^{t_2} = u^{t_2} + v^{t_2} \leqslant u^{t_2} + [2J_{X,t_1}^{t_1}(\tau) - u^{t_1}]^{\frac{t_2}{t_1}} =: g(u). \tag{3.4.3}$$

首先, 因为 $g(u)$ 满足 $g(1+\tau) = g([2J_{X,t_1}^{t_1}(\tau) - (1+\tau)^{t_1}]^{\frac{1}{t_1}})$, 且由

$$g'(u) = t_2 u^{t_1-1}[u^{t_2-t_1} - (2J_{X,t_1}^{t_1}(\tau) - u^{t_1})^{\frac{t_2-t_1}{t_1}}],$$

可知它在 $[(2J_{X,t_1}^{t_1}(\tau) - (1+\tau)^{t_1})^{\frac{1}{t_1}}, J_{X,t_1}(\tau)]$ 上递降, 并且在 $[J_{X,t_1}(\tau), 1+\tau]$ 上递增, 从而当 $u \in [(2J_{X,t_1}^{t_1}(\tau) - (1+\tau)^{t_1})^{\frac{1}{t_1}}, 1+\tau]$ 时 (3.4.2) 成立. 另一方面, 若 $1 \leqslant u \leqslant [2J_{X,t_1}^{t_1}(\tau) - (1+\tau)^{t_1}]^{\frac{1}{t_1}}$, 则

$$\|x+\tau y\|^{t_2} + \|x-\tau y\|^{t_2} \leqslant (1+\tau)^{t_2} + [2J_{X,t_1}^{t_1}(\tau) - (1+\tau)^{t_1}]^{\frac{t_2}{t_1}}.$$

因此, 可得不等式 (3.4.2).

注记 3.4.1　在定理 3.4.1 的条件下, 有

$$J_{X,t_1}^{t_2}(\tau) \leqslant J_{X,t_2}^{t_2}(\tau) \leqslant 2^{\frac{t_2}{t_1}-1}J_{X,t_1}^{t_2}(\tau).$$

例 3.4.1($l_p - l_1$ 空间)([81])　设 $t \geqslant 1, p \geqslant 1, \tau \geqslant 0$ 且 $X = l_p - l_1$ 空间, 即 $X = \mathbb{R}^2$ 赋予下列范数

$$\|x\| = \|(x_1, x_2)\| = \begin{cases} \|x\|_p, & x_1 x_2 \geqslant 0, \\ \|x_1\|_1, & x_1 x_2 \leqslant 0. \end{cases}$$

则

$$J_{X,t}(\tau) = \left(\frac{(1+\tau^p)^{\frac{t}{p}} + (1+\tau)^t}{2}\right)^{\frac{1}{t}}. \tag{3.4.4}$$

在证明这一定理之前, 现给出如下引理.

引理 3.4.1　设 $x_1, x_2, y_1, y_2 \geqslant 0$ 且 $p \geqslant 1$ 使得 $x_1^p + x_2^p = 1$ 及 $y_1^p + y_2^p = 1$. 如果 $0 \leqslant \tau \leqslant 1, 0 \leqslant \tau y_1 \leqslant x_1$ 且 $0 \leqslant x_2 \leqslant \tau y_2$, 则

$$[(x_1+\tau y_1)^p + (x_2+\tau y_2)^p]^{\frac{1}{p}} + x_1 - \tau y_1 + \tau y_2 - x_2 \leqslant 1 + \tau + (1+\tau^p)^{\frac{1}{p}}.$$

证明　显然 $0 \leqslant x_1 - \tau y_1 + \tau y_2 - x_2 \leqslant 1 + \tau$. 下面考虑两种情形:

情形 1　$0 \leqslant x_1 - \tau y_1 + \tau y_2 - x_2 \leqslant (1+\tau^p)^{1/p}$. 则有

$$\begin{aligned} &[(x_1+\tau y_1)^p + (x_2+\tau y_2)^p]^{\frac{1}{p}} + x_1 - \tau y_1 + \tau y_2 - x_2 \\ &\leqslant [(x_1^p + x_2^p)^{1/p} + (\tau^p y_1^p + \tau^p y_2^p)^{1/p}] + (1+\tau^p)^{\frac{1}{p}} \\ &= 1 + \tau + (1+\tau^p)^{\frac{1}{p}}. \end{aligned}$$

情形 2 $(1+\tau^p)^{1/p} \leqslant x_1 - \tau y_1 + \tau y_2 - x_2 \leqslant 1 + \tau$. 由 Minkowski's 不等式就有

$$[(x_1 + \tau y_1)^p + (x_2 + \tau y_2)^p]^{1/p} + x_1 - \tau y_1 + \tau y_2 - x_2$$
$$\leqslant (x_1^p + \tau^p y_2^p)^{1/p} + (\tau^p y_1^p + x_2^p)^{1/p} + x_1 - \tau y_1 + \tau y_2 - x_2$$
$$\leqslant (x_1^p + \tau^p y_2^p)^{1/p} + \tau y_1 + x_2 + x_1 - \tau y_1 + \tau y_2 - x_2$$
$$\leqslant (1 + \tau) + (1 + \tau^p)^{1/p},$$

其中第二个不等式用到了不等式 $\|\cdot\|_p \leqslant \|\cdot\|_1$.

引理 3.4.2 设 $\tau \in (0,1), t \in [1,2]$ 且 $p \geqslant 2$. 则

(1) $2\tau^p + p - 2 - p\tau^2 \geqslant 0$;

(2) $1 - \tau^{2p-2} - (p-1)(\tau^{p-2} - \tau^p) \geqslant 0$;

(3) 函数 $f(\tau) \equiv \dfrac{\tau - \tau^{p-1}}{(1-\tau)(1+\tau)^{t-1}}(1+\tau^p)^{\frac{t}{p}-1}$ 是非降的, 且有 $0 \leqslant f(\tau) \leqslant (p-2)2^{\frac{t}{p}-t}$.

证明 (1) 令 $h(\tau) = 2\tau^p + (p-2) - p\tau^2$, 则 $h'(\tau) = 2p(\tau^{p-1} - \tau) \leqslant 0$, 故 $h(\tau) \geqslant h(1) = 0$.

(2) 令 $g(\tau) = 1 - \tau^{2p-2} - (p-1)(\tau^{p-2} - \tau^p)$, 则有 $g'(\tau) = -(p-1)\tau^{p-3}(2\tau^p + p - 2 - p\tau^2)$. 因此由 (1) 得 $g'(\tau) \leqslant 0$ 且 $g(\tau) \geqslant g(1) = 0$.

(3) 通过简单的计算并应用 (2), 有

$$f'(\tau) = \frac{1}{[(1-\tau)(1+\tau)^{t-1}]^2}\left\{(1-\tau)(1+\tau)^{t-1}[(1-(p-1)\tau^{p-2})(1+\tau^p)^{\frac{t}{p}-1}\right.$$
$$+ (\tau - \tau^{p-1})(t-p)\tau^{p-1}(1+\tau^p)^{\frac{t}{p}-2}]$$
$$\left. - (\tau - \tau^{p-1})(1+\tau^p)^{\frac{t}{p}-1}[-(1+\tau)^{t-1} + (1-\tau)(t-1)(1+\tau)^{t-2}]\right\}$$
$$= \frac{(1+\tau^p)^{\frac{t}{p}-2}(1+\tau)^{t-2}}{[(1-\tau)(1+\tau)^{t-1}]^2}\left\{(1+\tau)(1+\tau^p)[1 - (p-1)\tau^{p-2} - \tau + (p-1)\tau^{p-1}\right.$$
$$\left. + \tau - \tau^{p-1}] + (1-\tau)(\tau - \tau^{p-1})[(t-p)(1+\tau)\tau^{p-1} - (1+\tau^p)(t-1)]\right\}$$
$$= \frac{(1+\tau^p)^{\frac{t}{p}-2}(1+\tau)^{t-2}}{[(1-\tau)(1+\tau)^{t-1}]^2}\left\{(1+\tau+\tau^p+\tau^{p+1})[1 + (p-2)\tau^{p-1} - (p-1)\tau^{p-2}]\right.$$
$$\left. + (\tau + \tau^p - \tau^2 - \tau^{p-1})[-1 - (p-2)\tau^{p-1} - (p-1)\tau^p + 2 - t - (2-t)\tau^{p-1}]\right\}$$
$$= \frac{(1+\tau^p)^{\frac{t}{p}-2}(1+\tau)^{t-2}}{[(1-\tau)(1+\tau)^{t-1}]^2}\left\{(1+\tau^2)[1 - \tau^{2p-2} - (p-1)\tau^{p-2}(1-\tau^2)]\right.$$

$$+ (2-t)(1-\tau)(\tau - \tau^{p-1})(1 - \tau^{p-1}) \Big\}$$

$$\geqslant 0.$$

现根据 $\lim\limits_{\tau \to 1^-} f(\tau) = (p-2)2^{\frac{t}{p}-t}$, 有 $0 \leqslant f(\tau) \leqslant (p-2)2^{\frac{t}{p}-t}$.

下面证明例 3.4.1.

证明　不妨设 $0 \leqslant \tau \leqslant 1$.

现说明下列不等式成立: 对任意的 $x, y \in S_{l_p-l_1}$ 有

$$\|x+\tau y\| + \|x-\tau y\| \leqslant (1+\tau^p)^{\frac{1}{p}} + 1 + \tau. \tag{3.4.5}$$

事实上, 由范数的凸性我们只要证明该不等式对任意的 $x, y \in ext(S_{l_p-l_1})$ 成立, 其中 $ext(S_{l_p-l_1})$ 表示 $S_{l_p-l_1}$ 的所有端点构成的集合. 因为 $ext(S_{l_p-l_1}) = \{(x_1, x_2) : x_1^p + x_2^p = 1, x_1 x_2 \geqslant 0\}$, 故不妨设 $x = (a, b), y = (c, d)$, 其中 $a, b, c, d \geqslant 0$ 且使 $a^p + b^p = c^p + d^p = 1$.

(1) 若 $(a - c\tau)(b - d\tau) \geqslant 0$. 则

$$
\begin{aligned}
\|x+\tau y\| + \|x-\tau y\| &= \|x+\tau y\|_p + \|x-\tau y\|_p \\
&\leqslant 1 + \tau + [|a-c\tau|^p + |b-d\tau|^p]^{\frac{1}{p}} \\
&\leqslant 1 + \tau + \max\{[a^p+b^p]^{\frac{1}{p}}, [(c\tau)^p + (d\tau)^p]^{\frac{1}{p}}\} \\
&\leqslant 2 + \tau \\
&\leqslant (1+\tau^p)^{\frac{1}{p}} + 1 + \tau.
\end{aligned}
$$

(2) 若 $(a - c\tau)(b - d\tau) \leqslant 0$. 不妨设 $a - c\tau > 0$ 且 $b - d\tau \leqslant 0$. 则由引理 3.4.1, 有

$$
\begin{aligned}
\|x+\tau y\| + \|x-\tau y\| &= \|x+\tau y\|_p + \|x-\tau y\|_1 \\
&\leqslant (1+\tau^p)^{\frac{1}{p}} + 1 + \tau.
\end{aligned}
$$

故 (3.4.5) 成立. 再取 $x = (1,0), y = (0,1)$, 可得 $2J_{l_1-l_p,1}(\tau) = (1+\tau^p)^{\frac{1}{p}} + 1 + \tau$. 因此应用 (3.4.1), 可得

$$
\begin{aligned}
J_{X,t}^t(\tau) &\leqslant \frac{(1+\tau)^t + [2J_{X,1}(\tau) - (1+\tau)]^t}{2} \\
&= \frac{(1+\tau)^t + (1+\tau^p)^{\frac{t}{p}}}{2}.
\end{aligned}
$$

另一方面, 取 $x = (1,0), y = (0,1)$, 可得 $\|x + \tau y\| = (1 + \tau^p)^{\frac{1}{p}}$, $\|x - \tau y\| = 1 + \tau$, 故 $J_{X,t}^t(\tau) \geqslant \dfrac{(1 + \tau)^t + (1 + \tau^p)^{\frac{t}{p}}}{2}$. 因此, (3.4.4) 对一切 $t \geqslant 1$ 成立.

作为该例子的一个应用, 我们有下列定理.

定理 3.4.2 设 $p = 2, t \geqslant 1$ 或 $p > 2, t \in [1,2]$, 及 X 为 $l_p - l_1$ 空间, 则

$$C_t(X) = \left(\frac{2^{\frac{t}{p} - \frac{t}{2}} + 2^{\frac{t}{2}}}{2} \right)^{\frac{2}{t}} \tag{3.4.6}$$

对一切满足 $(p-2) 2^{\frac{t}{p} - t} \leqslant 1$ 的 p, t 成立, 及

$$C_t(X) = \frac{1}{1 + \tau_0^2} \left(\frac{(1 + \tau_0)^t + (1 + \tau_0^p)^{\frac{t}{p}}}{2} \right)^{\frac{2}{t}}$$

对一切满足 $(p-2) 2^{\frac{t}{p} - t} > 1$ 的 p, t 成立, 其中 τ_0 是下列方程的唯一解

$$\frac{(\tau - \tau^{p-1})(1 + \tau^p)^{\frac{t}{p} - 1}}{(1 - \tau)(1 + \tau)^{t-1}} = 1. \tag{3.4.7}$$

证明 由 (3.4.4), 有

$$C_t(X) = [\sup\{h(\tau) : 0 \leqslant \tau \leqslant 1\}]^{\frac{2}{t}},$$

这里 $h(\tau) = \dfrac{(1 + \tau)^t + (1 + \tau^p)^{\frac{t}{p}}}{2(1 + \tau^2)^{\frac{t}{2}}}$. 简单的计算表明

$$h'(\tau) = \frac{t(1 - \tau)(1 + \tau)^{t-1}}{2(1 + \tau^2)^{\frac{t}{2} + 1}} \left[1 - \frac{(\tau - \tau^{p-1})(1 + \tau^p)^{\frac{t}{p} - 1}}{(1 - \tau)(1 + \tau)^{t-1}} \right].$$

如果 $p = 2, t \geqslant 1$ 或 $p > 2, t \in [1,2]$ 使得 $(p-2) 2^{\frac{t}{p} - t} \leqslant 1$, 则引理 3.4.2 蕴含 $h'(\tau) \geqslant 0$, 故 h 是非减的. 从而 $C_t(X) = h(1)^{\frac{2}{t}} = \left(\dfrac{2^{\frac{t}{p} - \frac{t}{2}} + 2^{\frac{t}{2}}}{2} \right)^{\frac{2}{t}}$. 否则令 $\tau_0 \in (0,1)$ 是方程 (3.4.7) 的唯一解. 再由引理 3.4.2 得 $h'(\tau) \geqslant 0$ 于 $\tau \in [0, \tau_0]$ 且 $h'(\tau) \leqslant 0$ 于 $\tau \in [\tau_0, 1]$, 故 h 在 τ_0 处达到最大值. 因此

$$C_t(X) = \frac{1}{1 + \tau_0^2} \left(\frac{(1 + \tau_0)^t + (1 + \tau_0^p)^{\frac{t}{p}}}{2} \right)^{\frac{2}{t}}.$$

3.5　广义 von Neumann-Jordan 常数与广义 James 常数

S. Dhompongsa 等在文献 [16] 中引入如下的广义 Jordan-von Neumann 常数, 它是 von Neumann-Jordan 常数的一种推广形式.

定义 3.5.1　设 $a \geqslant 0$, 称下列常数是以 a 为参数的广义 von Neumann-Jordan 常数:

$$C_{\mathrm{NJ}}(a, X) = \sup \left\{ \frac{\|x+y\|^2 + \|x-z\|^2}{2\|x\|^2 + \|y\|^2 + \|z\|^2} : x, y, z 不全为零且 \|y-z\| \leqslant a\|x\| \right\}.$$

显见, 广义的 von Neumann-Jordan 常数 $C_{\mathrm{NJ}}(a, X)$ 具有下列简单性质:

(i) $C_{\mathrm{NJ}}(0, X) = C_{\mathrm{NJ}}(X)$;

(ii) $C_{\mathrm{NJ}}(a, X)$ 关于参数 a 是非降的;

(iii) 如果 $C_{\mathrm{NJ}}(a, X) < 2$ 对某个 $a \geqslant 0$, 则 X 是一致非方的;

(iv) 对一切 $a \geqslant 0$ 有 $1 + \dfrac{4a}{4+a^2} \leqslant C_{\mathrm{NJ}}(a, X) \leqslant 2$, 进而当 $a \geqslant 2$ 时皆有 $C_{\mathrm{NJ}}(a, X) = 2$. 任取 $x \in S_X$, 并令 $y = -z = \dfrac{a}{2}x$, 易得

$$C_{\mathrm{NJ}}(a, X) \geqslant \frac{\|x+y\|^2 + \|x-z\|^2}{2\|x\|^2 + \|y\|^2 + \|z\|^2} = 1 + \frac{4a}{4+a^2}.$$

另一方面, 利用三角不等式可知

$$\|x+y\|^2 + \|x-z\|^2 \leqslant \|x\|^2 + 2\|x\|\|y\| + \|y\|^2 + \|x\|^2 + 2\|x\|\|z\| + \|z\|^2$$
$$\leqslant 4\|x\|^2 + 2\|y\|^2 + 2\|z\|^2.$$

故得 $C_{\mathrm{NJ}}(a, X) \leqslant 2$.

例 3.5.1($l_\infty - l_1$ 空间)　设 $X = l_\infty - l_1$ 空间, 则 $C_{\mathrm{NJ}}(1, X) = 2$.

事实上, 取 $x = (1,1), y = (0,1)$ 及 $z = (-1,0)$, 则 $y - z = x$, 且 $\|x+y\| = 2 = \|x-z\|, \|z\| = 1$, 故有 $C_{\mathrm{NJ}}(1, X) = 2$. 该例子表明, 对某些参数 $a \geqslant 0$, $C_{\mathrm{NJ}}(a, X)$ 的值可能比 $C_{\mathrm{NJ}}(X)$ 容易求出.

例 3.5.2　对 Hilbert 空间 H, 则有 $C_{\mathrm{NJ}}(a, H) = 1 + \dfrac{4a}{4+a^2}$, 其中 $a \in [0,2]$.

证明 设 $x, y, z \in H$, 且使 $x \neq 0$ 及 $\|y - z\| = \alpha \|x\|$ 对某 $\alpha \in [0, a]$. 于是有

$$\frac{\|x+y\|^2 + \|x-z\|^2}{2\|x\|^2 + \|y\|^2 + \|z\|^2} \leqslant \frac{2\|x\|^2 + \|y\|^2 + \|z\|^2 + 2\|x\|\|y-z\|}{2\|x\|^2 + \|y\|^2 + \|z\|^2}$$

$$\leqslant 1 + \frac{4\alpha\|x\|^2}{4\|x\|^2 + \|y+z\|^2 + \|y-z\|^2}$$

$$\leqslant 1 + \frac{4\alpha}{4 + \alpha^2}$$

$$\leqslant 1 + \frac{4a}{4 + \alpha^2}.$$

定理 3.5.1([17])　$C_{\mathrm{NJ}}(a, X)$ 是 $[0, \infty)$ 上的连续函数.

证明 设 $C_{\mathrm{NJ}}(a, X)$ 在某 $a > 0$ 处不连续, 由 $C_{\mathrm{NJ}}(a, X)$ 的非减性, 则有

$$\sup_{b < a} C_{\mathrm{NJ}}(b, X) = \alpha < \beta < \gamma = \inf_{b > a} C_{\mathrm{NJ}}(b, X).$$

为方便起见, 记 $g(x, y, z) = \dfrac{\|x+y\|^2 + \|x-z\|^2}{2\|x\|^2 + \|y\|^2 + \|z\|^2}$, 于是可选一列递减趋于 a 的数列 $\{\gamma_n\}$ 和相应的 $x_n, y_n, z_n \in B_X$(可使至少一个在球面上)使得一切 n 有 $\|y_n - z_n\| = \gamma_n \|x_n\|$ 且 $g(x_n, y_n, z_n) \geqslant \beta$. 令 $\eta_n = \dfrac{\gamma_n}{a} + \dfrac{1}{n}$, 则 $\eta_n \downarrow 1$ 且使 $\dfrac{\gamma_n}{\eta_n} < a$. 故有

$$g(\eta_n x_n, y_n, z_n) = g(x_n, y_n/\eta_n, z_n/\eta_n) \leqslant \alpha.$$

可选 (n) 的一个子列 (n') 使得数列 $\|x_{n'} + y_{n'}\|, \|x_{n'} - z_{n'}\|, \|x_{n'}\|, \|y_{n'}\|$ 及 $\|z_{n'}\|$ 都收敛. 因为对任意 $w \in X$ 都有

$$\|x_n + w\| - (\eta_n - 1)\|x_n\| \leqslant \|\eta_n x_n + w\| \leqslant \|x_n + w\| + (\eta_n - 1)\|x_n\|,$$

故易得

$$\lim_{n'} \|\eta_{n'} x_{n'} + y_{n'}\| = \lim_{n'} \|x_{n'} + y_{n'}\|, \quad \lim_{n'} \|\eta_{n'} x_{n'} - z_{n'}\| = \lim_{n'} \|x_{n'} - z_{n'}\|,$$

结果得 $\beta - \alpha \leqslant g(x_{n'}, y_{n'}, z_{n'}) - g(\eta_{n'} x_{n'}, y_{n'}, z_{n'}) \to 0$, 故矛盾.

对 $a = 0$ 的情形, 任取 $\varepsilon > 0$, 可取 $\alpha_n \downarrow 0$ 及相应的 $x_n, y_n, z_n \in B_X$(可使至少一个在球面上) 使得一切 n 有 $\|y_n - z_n\| = \alpha_n \|x_n\|$, 及

$$\inf_{a > 0} C_{\mathrm{NJ}}(a, X) - \varepsilon < \lim_n g(x_n, y_n, z_n).$$

令 $\varepsilon_n = 4\alpha_n + \alpha_n^2$, 及 $\gamma_n = \alpha_n\|x_n\|(2\|y_n\| - \alpha_n\|x_n\|)$, 则 $\varepsilon_n, \gamma_n \to 0$. 必要时可过度到子列, 可假设 $\|x_n\|^2 + \|y_n\|^2$ 收敛于某个非零数. 其次又可得

$$
\begin{aligned}
g(x_n, y_n, z_n) &\leqslant \frac{\|x_n + y_n\|^2 + \|x_n - y_n\|^2 + \varepsilon_n}{2\|x_n\|^2 + 2\|y_n\|^2 - \gamma_n} \\
&\leqslant g(x_n, y_n, y_n) + \frac{\varepsilon_n + \gamma_n g(x_n, y_n, y_n)}{2\|x_n\|^2 + 2\|y_n\|^2 - \gamma_n} \\
&\leqslant C_{\mathrm{NJ}}(X) + \frac{\varepsilon_n + \gamma_n C_{\mathrm{NJ}}(X)}{2\|x_n\|^2 + 2\|y_n\|^2 - \gamma_n}.
\end{aligned}
$$

从而可得 $C_{\mathrm{NJ}}(0+, X) - \varepsilon = \inf_{a>0} C_{\mathrm{NJ}}(a, X) - \varepsilon \leqslant C_{\mathrm{NJ}}(X) \leqslant C_{\mathrm{NJ}}(0+, X)$, 对一切 $\varepsilon > 0$ 成立, 故 $C_{\mathrm{NJ}}(0+, X) = C_{\mathrm{NJ}}(X)$.

引理 3.5.1　设 X 是一个不具有弱正规结构的 Banach 空间, 则对任意 $\varepsilon \in (0, 1)$ 和每个 $r \in \left(\dfrac{1}{2}, 1\right]$, 存在 $x_1 \in S_X$ 及 $x_2, x_3 \in rS_X$ 使得

(i) $x_2 - x_3 = ax_1, |a - r| < \varepsilon$;

(ii) $\|x_1 - x_2\| > 1 - \varepsilon$;

(iii) $\|x_2 + x_1\| > 1 + r - \varepsilon, \|x_3 - x_1\| > (3r - 1) - \varepsilon$.

证明　令 $\eta = \min\left\{\dfrac{\varepsilon}{12r}, 2 - \dfrac{1}{r}\right\}$, z_n 是单位球面上弱收敛于零序列且使

$$
1 - \eta < \|z_n - z\| < 1 + \eta
$$

对充分大的 n 和任意 $z \in co\{z_k\}_{k=1}^n$. 取自然数 $n_0, y \in co\{z_k\}_{k=1}^{n_0}$ 及 z_1 的一个支撑泛函 f 使得

$$
\|y\| < \eta, \quad |f(z_{n_0})| < \eta, \quad 1 - \eta < \|z_{n_0} - z_1\|, \quad \left\|z_{n_0} - \frac{z_1}{2}\right\| < 1 + \eta,
$$

则

$$
\left\|\frac{z_1 - z_{n_0}}{\|z_1 - z_{n_0}\|} - z_{n_0}\right\| \geqslant \|z_{n_0} - (z_1 - z_{n_0})\| - \left\|z_1 - z_{n_0} - \frac{z_1 - z_{n_0}}{\|z_1 - z_{n_0}\|}\right\| > 2 - 3\eta.
$$

令 $x_1 = \dfrac{z_1 - z_{n_0}}{\|z_1 - z_{n_0}\|}, x_2 = rz_1, x_3 = rz_{n_0}$, 则 $x_2 - x_3 = r\|z_1 - z_{n_0}\|x_1$, 且由 $1 - \eta < \|z_{n_0} - z_1\| < 1 + \eta$, 得 (i) 成立.

其次, 由 $r \in \left(\dfrac{1}{2}, 1\right]$, 有

$$
|r(1 + \|z_{n_0} - z_1\|) - 1| = r(1 + \|z_{n_0} - z_1\|) - 1 < r(2 + \eta) - 1 = (2r - 1) + r\eta.
$$

这又蕴含

$$\|x_1 - x_2\| \geqslant r\|x_1 - z_{n_0}\| - |1 - r(1 + \|z_{n_0} - z_1\|)| > r(2 - 3\eta) - (2r - 1) - r\eta > 1 - \varepsilon.$$

得 (ii) 成立.

最后根据 $\|rz_1 - rz_{n_0} - x_1\| = \|(1-r)x_1 + r(x_1 - (z_1 - z_{n_0}))\| \leqslant 1 - r + r\eta$, 可知

$$\begin{aligned}
\|x_1 - x_3\| &\geqslant \|rz_{n_0} - (rz_1 - rz_{n_0})\| - \|rz_1 - rz_{n_0} - x_1\| \\
&\geqslant 2r\left\|z_{n_0} - \frac{z_1}{2}\right\| - (1 - r) - r\eta > (3r - 1) - \varepsilon,
\end{aligned}$$

及

$$\|x_1 + x_2\| \geqslant f(x_1 + rz_1) = r + \frac{f(z_1) - f(z_{n_0})}{\|z_{n_0} - z_1\|} > \gamma + \frac{1 - \eta}{1 + \eta} > 1 + r - \varepsilon.$$

故 (iii) 成立.

定理 3.5.2　设 X 是 Banach 空间, 如果对某个 $r \in \left(\dfrac{1}{2}, 1\right]$, 有

$$C_{\mathrm{NJ}}(r, X) < \frac{(1 + r)^2 + (3r - 1)^2}{2(1 + r^2)}$$

则 X 具有一致正规结构.

证明　不难证明 $C_{\mathrm{NJ}}(r, X) = C_{\mathrm{NJ}}(r, \widetilde{X})$, 故我们只要证明 X 具有正规结构. 因 $C_{\mathrm{NJ}}(r, X) < \dfrac{(1 + r)^2 + (3r - 1)^2}{2(1 + r^2)}$ 对某个 $r \in \left(\dfrac{1}{2}, 1\right]$ 成立, 故 X 是一致非方的, 进而自反. 从而我们只要证明 X 具有弱正规结构. 假若不然, 设 X 无弱正规结构. 先取 $r' > r$ 使得 $C_{\mathrm{NJ}}(r', X) < \dfrac{(1 + r)^2 + (3r - 1)^2}{2(1 + r^2)}$, 再取自然数 m 使得 $r + 1/m < r'$. 由引理 3.5.1 存在 $x_n \in S_X$, 及 $y_n, z_n \in rS_X$ 使得对每个 n 有

(i) $y_n - z_n = a_n x_n, |a_n - r| < \dfrac{1}{n + m}$;

(ii) $\|x_n - y_n\|^2 > \left(1 - \dfrac{1}{n + m}\right)^2, \|x_n + y_n\|^2 > \left(1 + r - \dfrac{1}{n + m}\right)^2$;

(iii) $\|x_n - z_n\|^2 > \left(3r - 1 - \dfrac{1}{n + m}\right)^2$.

观察到 $\|y_n - z_n\| = a_n < r + \dfrac{1}{n + m} < r'$, 及 $\liminf \|x_n + y_n\|^2 \geqslant (1 + $

$r)^2, \liminf \|x_n - z_n\|^2 \geqslant (3r-1)^2$, 可得

$$\frac{(1+r)^2 + (3r-1)^2}{2(1+r^2)} \leqslant \lim_{n\to\infty} \inf \frac{\|x_n + y_n\|^2 + \|x_n - z_n\|^2}{2\|x_n\|^2 + \|y_n\|^2 + \|z_n\|^2}$$

$$\leqslant C_{\mathrm{NJ}}(r', X) < \frac{(1+r)^2 + (3r-1)^2}{2(1+r^2)},$$

故矛盾.

推论 3.5.1　设 X 是 Banach 空间, 如果

$$C_{\mathrm{NJ}}(X) < \frac{3+\sqrt{5}}{4}; \quad \text{或} C_{\mathrm{NJ}}(1, X) < 2,$$

则 X 具有一致正规结构.

证明　由定理 3.5.2 的证明过程, 易见当对某个 $r \in \left(\dfrac{1}{2}, 1\right]$ 有

$$C_{\mathrm{NJ}}(0, X) < \frac{(1+r)^2 + 1}{2(1+r^2)}$$

时, X 具有一致正规结构. 故取 $r \in \left(\dfrac{1}{2}, 1\right]$, 即可.

定义 3.5.2　设 $a \geqslant 0$, 以 a 为参数的广义 James 常数定义为

$$J(a, X) = \sup\{\|x+y\| \wedge \|x-y\| : x, y, z \in B_X, \|y-z\| \leqslant a\|x\|\}.$$

显见, 有下列简单性质:

(i) $J(0, X) = J(X)$;

(ii) $J(a, X)$ 关于 a 是非减的;

(iii) 如果 $J(a, X) < 2$ 对某 $a \geqslant 0$, 则 X 是一致非方的;

(iv) 对 Hilbert 空间 H 有 $J(a, H) = \sqrt{2+a}$ 其中 $a \in [0, 2]$;

(v) 对一切 $a \geqslant 0$ 有 $\dfrac{J(a, X)^2}{2} \leqslant C_{\mathrm{NJ}}(a, X)$.

引理 3.5.2　设 X 是 Banach 空间, $a \in [0, 2)$, 如果 $C_{\mathrm{NJ}}(a, X) = 2$, 则存在单位球中序列 $\{x_n\}, \{y_n\}, \{z_n\}$ 使得

(i) $\|x_n\|, \|y_n\|, \|z_n\| \to 1$;

(ii) $\|x_n + y_n\|, \|x_n - z_n\| \to 2$;

(iii) $\|y_n - z_n\| \leqslant a\|x_n\|$.

进而如果 $\varepsilon > 0$, 则可在单位球面上选取 $\{x_n\}, \{y_n\}, \{z_n\}$ 使得 (ii) 成立且有 $\|y_n - z_n\| \leqslant (a+\varepsilon)\|x_n\|$.

证明 在单位球中选取使 (iii) 成立的序列 $\{x_n\}, \{y_n\}, \{z_n\}$ 使得其中至少一个在球面上, 并满足 $g(x_n, y_n, z_n) \uparrow 2$. 由于

$$g(x, y, z) = \frac{\|x+y\|^2 + \|x-z\|^2}{2\|x\|^2 + \|y\|^2 + \|z\|^2} \leqslant 1 + \frac{2(\|x\|\|y\| + \|x\|\|z\|)}{2\|x\|^2 + \|y\|^2 + \|z\|^2} \leqslant 2,$$

故 $\dfrac{2(\|x_n\|\|y_n\| + \|x_n\|\|z_n\|)}{2\|x_n\|^2 + \|y_n\|^2 + \|z_n\|^2} \to 1$. 即 $\dfrac{(\|x_n\| - \|y_n\|)^2 + (\|x_n\| - \|z_n\|)^2}{2\|x_n\|^2 + \|y_n\|^2 + \|z_n\|^2} \to 0$. 因为其中一个在球面上, 故可选子列 $\{x_{n'}\}, \{y_{n'}\}, \{z_{n'}\}$ 使得 $\|x_{n'}\|, \|y_{n'}\|, \|z_{n'}\| \to 1$. 进而又有 $\|x_{n'} + y_{n'}\|, \|x_{n'} - z_{n'}\| \to 2$. 最后, 再把上述的序列正规化即令 $x' = \dfrac{x}{\|x\|}$, 则由 $\|x'_{n'} - x_{n'}\| \to 0$, 及 $2 \geqslant \|x' + y'\| \geqslant \|x+y\| - \|x - x'\| - \|y - y'\|$, 可知 (ii) 仍成立且有 $\limsup \|y'_{n'} - z'_{n'}\| \leqslant a$.

利用引理 3.5.2, 易见下述结果.

定理 3.5.3 对 Banach 空间 X 及 $a \in [0, 2]$ 有, $J(a, X) = 2$ 当且仅当 $C_{\mathrm{NJ}}(a, X) = 2$.

定理 3.5.4([18]) 当 $0 \leqslant a \leqslant b$, 则有 $J(b, X) + \dfrac{a}{2} \leqslant J(a, X) + \dfrac{b}{2}$. 故 $J(a, X)$ 是 a 的连续函数.

证明 设 $a < b$, 对 $\varepsilon > 0$, 存在 $x, y, z \in B_X$, 使得 $\|y - z\| = b_1\|x\|$, 及 $J(b, X) - \varepsilon \leqslant \|x+y\| \wedge \|x-z\|$. 其中 $b_1 > a$. 再取 $\alpha = 1 - \dfrac{b_1 - a}{2b_1}, y_1 = \alpha y + (1 - \alpha)z, z_1 = \alpha z + (1 - \alpha)y$, 则有 $\|y - y_1\|, \|z - z_1\| \leqslant \dfrac{b-a}{2}$ 且 $\|y_1 - z_1\| \leqslant a\|x\|$. 于是有

$$J(b, X) - \varepsilon \leqslant (\|x + y_1\| + \|y - y_1\|) \wedge (\|x - z_1\| + \|z - z_1\|)$$
$$\leqslant (\|x + y_1\| \wedge \|x - z_1\|) + \frac{b-a}{2} \leqslant J(a, X) + \frac{b-a}{2}.$$

令 $\varepsilon \to 0$ 得证.

定理 3.5.5 设 X 为 Banach 空间, 则 $C_{\mathrm{NJ}}(a, X) \geqslant \dfrac{(1+a)^2}{1+a^2}$ 对一切 $a \in (0, 1]$ 成立当且仅当 $J(1, X) = 2$; 进而如果 $C_{\mathrm{NJ}}(a, X) < \dfrac{(1+a)^2}{1+a^2}$ 对某 $a \in (0, 1]$, 则 X 具有一致正规结构.

证明 ($\Rightarrow$) 由于 $C_{\mathrm{NJ}}(a, X)$ 连续, 故

$$C_{\mathrm{NJ}}(1, X) = \lim_{a \to 1} C_{\mathrm{NJ}}(a, X) \geqslant \lim_{a \to 1} \frac{(1+a)^2}{1+a^2} = 2.$$

($\Leftarrow$) 设 $J(1, X) = 2$. 由引理 3.5.2, 对任意正数 ε 存在单位球面上序列 $\{x_n\}, \{y_n\}, \{z_n\}$ 使得 $\|x_n + y_n\|, \|x_n - z_n\| \to 2$, 且 $\|y_n - z_n\| \leqslant 1 + \varepsilon$, 故 $\|ay_n - az_n\| \leqslant a + a\varepsilon$.

并且有

$$\|x_n + y_n\| - \|y_n - ay_n\| \leqslant \|x_n + ay_n\| \leqslant 1 + a,$$

及

$$\|x_n - z_n\| - \|z_n - az_n\| \leqslant \|x_n - az_n\| \leqslant 1 + a.$$

故 $\lim_{n \to \infty} \|x_n + ay_n\| = \lim_{n \to \infty} \|x_n - az_n\| = 1 + a.$ 从而

$$C_{\mathrm{NJ}}(a + a\varepsilon, X) \geqslant \lim_{n \to \infty} \frac{\|x_n + ay_n\|^2 + \|x_n - az_n\|^2}{2\|x_n\|^2 + a^2\|y_n\|^2 + a^2\|z_n\|^2} = \frac{(1 + a)^2}{1 + a^2},$$

故由 ε 的任意性, 结论成立.

3.6 弱序列常数与广义 von Neumann-Jordan 常数及广义 James 常数的关系

设 X 是 Banach 空间, X 的弱序列常数定义为

定义 3.6.1　Banach 空间 X 的弱序列常数定义为

$$WCS(X) = \inf\left\{\frac{\mathrm{diam}_a(\{x_n\})}{r_a(\{x_n\})}\right\},$$

其中, $\{x_n\}$ 是 x 中弱收敛非强收敛序列, $\mathrm{diam}_a(\{x_n\}) = \lim_{k \to \infty} \sup\{\|x_n - x_m\| : n, m \geqslant k\}$ 为 $\{x_n\}$ 的渐近直径, $r_a(\{x_n\}) = \inf\{\limsup_{n \to \infty} \|x_n - y\| : y \in clco(\{x_n\})\}$ 为 $\{x_n\}$ 的渐近半径.

该常数有下列等价定义

$$WCS(X) = \inf\left\{\lim_{n,m,n \neq m} \|x_n - x_m\| : x_n \text{弱收敛于} 0, x_n \in S_X, \lim_{n,m,n \neq m} \|x_n - x_m\| \text{存在}\right\}.$$

如果用 $N(X)$ 表示 Banach 空间 X 的正规结构系数, 则有当且仅当 $N(X) > 1$ 时, X 具有一致正规结构; 当且仅当 $WCS(X) > 1$ 时, X 具有弱一致正规结构.

定义 3.6.2　设 $a \geqslant 0$, 称常数

$$R(a, X) = \sup\{\liminf_{n \to \infty} \|x + x_n\|\}$$

为 Domínguez-Benavides 常数, 其中上确界取遍单位球中一切满足

$$D[(x_n)] = \lim_{n,m,n \neq m} \|x_n - x_m\| \leqslant 1$$

的弱收敛于零的序列 $\{x_n\}$ 和一切满足 $\|x\| \leqslant a$ 的 $x \in X$.

定理 3.6.1([69])　设 $a \in [0,1]$, 则对任何 Banach 空间 X 有

$$WCS(X) \geqslant \frac{1 + \dfrac{1+a}{\min\{2, R(1,X)+a\}}}{J(a,X)}.$$

证明　当 $J(a,X) = 2$ 时, 根据 $WCS(X) \geqslant 1, 1 \leqslant R(1,X) \leqslant 2$, 结论显然成立. 下设 $J(a,X) < 2$, 则 X 自反, 设 x_n 是单位球面上弱收敛于 0 的序列, 且使 $\lim_{n,m,n \neq m} \|x_n - x_m\|$ 存在. 考虑 x_n 的支撑泛函 x_n^*, 则 $x_n^*(x_n) = 1$. 因 X 自反, 不妨设 $x_n^* \xrightarrow{w^*} x^*$. 对任意 $0 < \varepsilon < 1$, 可选取足够大的 N 使得 $|x^*(x_N)| < \dfrac{\varepsilon}{2}$, 且使对任何 $m > N$ 有

$$d - \varepsilon < \|x_N - x_m\| < d + \varepsilon.$$

注意到

$$\lim_{n,m,n \neq m} \left\| \frac{x_n - x_m}{d+\varepsilon} \right\| \leqslant 1, \left\| \frac{x_N}{d+\varepsilon} \right\| \leqslant 1,$$

由 $R(1,X)$ 的定义, 可选取充分大的 $M(>N)$ 使得

(1) $|x_N^*(x_M)| < \varepsilon$;

(2) $|(x_M^* - x^*)(x_N)| < \dfrac{\varepsilon}{2}$;

(3) $\left\| \dfrac{x_M + x_N}{d+\varepsilon} \right\| \leqslant R(1,X) + \varepsilon$.

于是

$$|x_M^*(x_N)| \leqslant |(x_M^* - x^*)(x_N)| + |x^*(x_N)| < \varepsilon.$$

为方便起见, 记 $R = R(1,X)$. 令 $x = \dfrac{x_N - x_M}{d+\varepsilon}, y = \dfrac{(1+a)x_N + x_M}{(d+\varepsilon)(R+a+\varepsilon)}, z = \dfrac{x_N + (1+a)x_M}{(d+\varepsilon)(R+a+\varepsilon)}$. 显然 $x \in B_X$, 且

$$\|y\| = \left\| \frac{(1+a)x_N + x_M}{(d+\varepsilon)(R+a+\varepsilon)} \right\| \leqslant 1,$$

同理 $z \in B_X$. 注意到

$$\|y - z\| = \frac{a}{R+a+\varepsilon} \left\| \frac{x_N - x_M}{d+\varepsilon} \right\| \leqslant a\|x\|,$$

$$(d+\varepsilon)\|x+y\| = \left\| \left(1 + \frac{1+a}{R+a+\varepsilon}\right) x_N - \left(1 - \frac{1}{R+a+\varepsilon}\right) x_M \right\|$$

$$\geqslant \left(1 + \frac{1+a}{R+a+\varepsilon}\right) x_N^*(x_N) - \left(1 - \frac{1}{R+a+\varepsilon}\right) x_N^*(x_M)$$

$$\geqslant 1 + \frac{1+a}{R+a+\varepsilon} - \varepsilon,$$

及

$$(d+\varepsilon)\|x - z\| = \left\| \left(1 + \frac{1+a}{R+a+\varepsilon}\right) x_M - \left(1 - \frac{1}{R+a+\varepsilon}\right) x_N \right\|$$
$$\geqslant \left(1 + \frac{1+a}{R+a+\varepsilon}\right) x_M^*(x_M) - \left(1 - \frac{1}{R+a+\varepsilon}\right) x_M^*(x_N)$$
$$\geqslant 1 + \frac{1+a}{R+a+\varepsilon} - \varepsilon.$$

故有

$$(d+\varepsilon)J(a,X) \geqslant 1 + \frac{1+a}{R+a+\varepsilon} - \varepsilon.$$

再由 $\{x_n\}$ 和 ε 的任意性得

$$WCS(X) \geqslant \frac{R+1+2a}{J(a,X)(R+a)}. \tag{3.6.1}$$

另一方面, 若取

$$x = \frac{x_N - x_M}{d+\varepsilon}, \quad y = \frac{(1+a)x_N + (1-a)x_M}{2(d+\varepsilon)}, \quad z = \frac{(1-a)x_N + (1+a)x_M}{2(d+\varepsilon)},$$

容易验证 $x, y, x \in B_X, \|y - z\| = a\|x\|,$

$$(d+\varepsilon)\|x + y\| = \left\| \left(1 + \frac{1+a}{2}\right) x_N - \left(1 - \frac{1-a}{2}\right) x_M \right\|$$
$$\geqslant \left(1 + \frac{1+a}{2}\right) x_N^*(x_N) - \left(1 - \frac{1-a}{2}\right) x_N^*(x_M)$$
$$\geqslant 1 + \frac{1+a}{2} - \varepsilon,$$

及

$$(d+\varepsilon)\|x - z\| = \left\| \left(1 + \frac{1+a}{2}\right) x_M - \left(1 - \frac{1-a}{2}\right) x_N \right\|$$
$$\geqslant \left(1 + \frac{1+a}{2}\right) x_M^*(x_M) - \left(1 - \frac{1-a}{2}\right) x_M^*(x_N)$$
$$\geqslant 1 + \frac{1+a}{2} - \varepsilon.$$

故有

$$(d+\varepsilon)J(a,X) \geqslant 1 + \frac{1+a}{2} - \varepsilon.$$

再由 $\{x_n\}$ 和 ε 的任意性得

$$WCS(X) \geqslant \frac{3+a}{2J(a,X)}. \tag{3.6.2}$$

由 (3.6.1) 和 (3.6.2) 可得

$$WCS(X) \geqslant \frac{1 + \dfrac{1+a}{\min\{2, R(1,X)+a\}}}{J(a,X)}.$$

引理 3.6.1 设 X 是 Banach 空间, $x \in X$ 及 $\{x_n\}$ 为 X 中的任一有界序列, 则存在严格递增的正整数序列 (n_k) 使得

$$\liminf_{k \to \infty} \|x_{n_k} - x_{n_{k+1}} + x\| \geqslant \liminf_{n \to \infty} \liminf_{m \to \infty} \|x_n - x_m + x\|,$$

$$\liminf_{k \to \infty} \|x_{n_k} - x_{n_{k+1}} - x\| \geqslant \liminf_{n \to \infty} \liminf_{m \to \infty} \|x_n - x_m - x\|,$$

及

$$\limsup_{k \to \infty} \|x_{n_k} - x_{n_{k+1}}\| \leqslant D[(x_n)].$$

证明 记 $a = \liminf_{n\to\infty} \liminf_{m\to\infty} \|x_n - x_m + x\|$, 及 $b = \liminf_{n\to\infty}$ $\liminf_{m\to\infty} \|x_n - x_m - x\|$. 下面证明存在存在严格递增的正整数序列 (n_k) 使得

$$(\liminf_{m \to \infty} \|x_{n_k} - x_m + x\|) \wedge (\|x_{n_k} - x_{n_{k+1}} + x\|) > a - \frac{1}{k+1}, \tag{3.6.3}$$

$$(\liminf_{m \to \infty} \|x_{n_k} - x_m - x\|) \wedge (\|x_{n_k} - x_{n_{k+1}} - x\|) > b - \frac{1}{k+1}, \tag{3.6.4}$$

且

$$(\limsup_{m \to \infty} \|x_{n_k} - x_m\|) \vee \|x_{n_k} - x_{n_{k+1}}\| < D[(x_n)] + \frac{1}{k+1}. \tag{3.6.5}$$

事实上, 由 $a, b, D[(x_n)]$ 的定义, 可选取 n_1 使得

$$\liminf_{m \to \infty} \|x_{n_1} - x_m + x\| > a - \frac{1}{2},$$

$$\liminf_{m \to \infty} \|x_{n_1} - x_m - x\| > b - \frac{1}{2},$$

且

$$\limsup_{m \to \infty} \|x_{n_1} - x_m\| < D[(x_n)] + \frac{1}{2}.$$

假设 $n_1 < n_2 < \cdots < n_j$ 已经选好, 使得对每个 $k \in \{1, 2, \cdots, j\}$,

$$\liminf_{m \to \infty} \|x_{n_k} - x_m + x\| > a - \frac{1}{k+1}, \tag{3.6.6}$$

$$\liminf_{m \to \infty} \|x_{n_k} - x_m - x\| > b - \frac{1}{k+1}, \tag{3.6.7}$$

且

$$\limsup_{m\to\infty}\|x_{n_k}-x_m\| < D[(x_n)] + \frac{1}{k+1}. \tag{3.6.8}$$

及对每个 $k \in \{1,2,\cdots,j-1\}$ 有

$$\|(x_{n_k}-x_{n_{k+1}})+x\| > a - \frac{1}{k+1}, \tag{3.6.9}$$

$$\|(x_{n_k}-x_{n_{k+1}})-x\| > b - \frac{1}{k+1}, \tag{3.6.10}$$

及

$$\|x_{n_k}-x_{n_{k+1}}\| < D[(x_n)] + \frac{1}{k+1}, \tag{3.6.11}$$

从 (3.6.6)-(3.6.8) 对 $k=j$ 成立及 $a,b,D[(x_n)]$ 的定义, 可选取 $n_{j+1} > n_j$ 使得

$$\|(x_{n_j}-x_{n_{j+1}})+x\| > a - \frac{1}{j+1},$$

$$\|(x_{n_j}-x_{n_{j+1}})-x\| > b - \frac{1}{j+1},$$

$$\|x_{n_j}-x_{n_{j+1}}\| < D[(x_n)] + \frac{1}{j+1},$$

$$\liminf_{m\to\infty}\|x_{n_{j+1}}-x_m+x\| > a - \frac{1}{j+2},$$

$$\liminf_{m\to\infty}\|x_{n_{j+1}}-x_m-x\| > b - \frac{1}{j+2},$$

且

$$\limsup_{m\to\infty}\|x_{n_{j+1}}-x_m\| < D[(x_n)] + \frac{1}{j+2}.$$

故由归纳法得单调递增的正整数序列 (n_k) 使得 (3.6.2)-(3.6.5) 成立, 结果引理结论成立.

定理 3.6.2([22],[54])　设 X 是 Banach 空间, 则对任意 $a > 0$ 有 $R(a,X) \leqslant RW(a,X)$, 进而 $M(X) \geqslant MW(X)$. 其中 $M(x) = \sup\left\{\dfrac{1+a}{R(a,x)} : a \geqslant 0\right\}$,

$$RW(a,X) = \sup\{(\liminf_{n\to\infty}\|x_n+x\|)\wedge(\liminf_{n\to\infty}\|x_n-x\|) : (x_n)\in B_X, x_n \xrightarrow{w} 0, \|x\| \leqslant a\},$$

及

$$MW(X) = \sup\left\{\frac{1+a}{RW(a,X)} : a > 0\right\}.$$

证明 设 $a > 0, \eta > 0$ 由 $R(a, X)$ 的定义, 存在 $x \in X, \|x\| \leqslant a$ 及一个单位球中弱收敛于 0 的序列 $(x_n), D[(x_n)] \leqslant 1$, 使得

$$\liminf_{n \to \infty} \|x_n + x\| \geqslant R(a, X) - \eta.$$

令 $Y = \overline{\mathrm{span}}[\{x_n\}, x]$, 则 Y 是可分的, 于是 Y^* 是在弱星拓扑下为序列紧的, 于是不妨设有 $f_n \in S_{Y^*}$ 弱星收敛于某个 f, 且使

$$f_n(x_n + x) = \|x_n + x\|.$$

由于 $x_n \overset{w}{\to} 0$, 可得

$$\liminf_{m \to \infty} \|(x_n - x_m) + x\| \geqslant \|x_n + x\|.$$

故有

$$\liminf_{n \to \infty} \liminf_{m \to \infty} \|(x_n - x_m) + x\| \geqslant \liminf_{n \to \infty} \|x_n + x\| \geqslant R(a, X) - \eta.$$

又因 f_m 弱星收敛于 f 有

$$\liminf_{m \to \infty} f_m(x_n) = f(x_n),$$

故

$$\begin{aligned}
\liminf_{m \to \infty} \|(x_n - x_m) - x\| &\geqslant \liminf_{m \to \infty} (-f_m)(x_n - x_m - x) \\
&= \liminf_{m \to \infty} f_m(x_m + x) - f(x_n) \\
&= \liminf_{m \to \infty} \|x_m + x\| - f(x_n) \geqslant R(a, X) - \eta - f(x_n).
\end{aligned}$$

从而

$$\liminf_{n \to \infty} \liminf_{m \to \infty} \|(x_n - x_m) - x)\| \geqslant R(a, X) - \eta.$$

故已经证明了

$$\left(\liminf_{n \to \infty} \liminf_{m \to \infty} \|(x_n - x_m) + x\|\right) \wedge \left(\liminf_{n \to \infty} \liminf_{m \to \infty} \|(x_n - x_m) - x\|\right) \geqslant R(a, X) - \eta.$$

根据引理 3.6.1, 存在一个单调递增正整数列 (n_k) 使得

$$\left(\liminf_{k \to \infty} \|(x_{n_k} - x_{k+1}) + x\|\right) \wedge \left(\liminf_{k \to \infty} \|(x_{n_k} - x_{k+1}) - x\|\right) \geqslant R(a, X) - \eta,$$

及

$$\limsup_{k \to \infty} \|x_{n_k} - x_{n_{k+1}}\| \leqslant 1.$$

于是存在 k_0 使得当 $k > k_0$ 时,

$$\|x_{n_k} - x_{n_{k+1}}\| \leqslant 1 + \eta.$$

令 $y_k = \dfrac{x_{n_{k_o+k}} - x_{n_{k_o+k+1}}}{1 + \eta}, k \geqslant 1$ 及 $y = \dfrac{x}{1 + \eta}$. 则 $y_k \xrightarrow{w} 0$, 且 $\|y\| \leqslant a$, 故

$$\begin{aligned}
RW(a, X) &\geqslant (\liminf_{k \to \infty} \|y_k + y\|) \wedge (\liminf_{k \to \infty} \|y_k - y\|) \\
&= \frac{1}{1 + \eta}(\liminf_{k \to \infty} \|(x_{n_k} - x_{k+1}) + x\|) \wedge (\liminf_{k \to \infty} \|(x_{n_k} - x_{k+1}) - x\|) \\
&\geqslant \frac{R(a, X) - \eta}{1 + \eta}.
\end{aligned}$$

令 $\eta \to 0^+$ 得证.

根据定理 3.6.2 有

$$R(1, X) \leqslant J(X) \leqslant J(a, X).$$

可得

推论 3.6.1　设 $a \in [0, 1]$, 则对任何 Banach 空间 X 有

$$WCS(X) \geqslant \frac{1 + \dfrac{1 + a}{\min\{2, J(a, X) + a\}}}{J(a, X)}.$$

特别地,

$$WCS(X) \geqslant \frac{1 + J(X)}{J(X)^2}.$$

推论 3.6.2　如果存在 $a \in [0, 1]$, 使得

$$J(a, X) < \max\left\{\frac{1 - a + \sqrt{a^2 + 6a + 5}}{2}, \frac{3 + a}{2}\right\},$$

则 X 具有一致正规结构.

该结果改进了定理 3.5.5 的结论.

类似前面的结果, 下面可考虑弱序列常数与广义 von Neuman-Jordan 常数之间的关系.

定理 3.6.3　设 $a \in [0, 1]$, 则对任何 Banach 空间 X 有

$$[WCS(X)]^2 \geqslant \frac{1 + \dfrac{(1 + a)^2}{\min\{2, R(1, X) + a\}^2}}{C_{\mathrm{NJ}}(a, X)}.$$

证明 当 $C_{\mathrm{NJ}}(a,X) = 2$ 时, 根据 $WCS(X) \geqslant 1$, 结论显然成立. 下设 $C_{\mathrm{NJ}}(a,X) < 2$, 则 X 自反, 设 x_n 弱收敛于 0, 且使 $\lim_{n,m,n\neq m} \|x_n - x_m\|$ 存在. 考虑 x_n 的支撑泛函 x_n^*, 则 $x_n^*(x_n) = 1$. 因 X 自反, 不妨设 $x_n^* \xrightarrow{w^*} 0$. 对任意 $0 < \varepsilon < 1$, 可选取足够大的 N 使得 $|x^*(x_N)| < \dfrac{\varepsilon}{2}$, 且使对任何 $m > N$ 有

$$d - \varepsilon < \|x_N - x_m\| < d + \varepsilon.$$

注意到

$$\lim_{n,m,n\neq m} \left\|\frac{x_n - x_m}{d+\varepsilon}\right\| \leqslant 1, \quad \left\|\frac{x_N}{d+\varepsilon}\right\| \leqslant 1,$$

由 $R(1,X)$ 的定义, 可选取充分大的 $M(>N)$ 使得

(1) $|x_N^*(x_M)| < \varepsilon$;

(2) $|(x_M^* - x^*)(x_N)| < \dfrac{\varepsilon}{2}$;

(3) $\left\|\dfrac{x_M + x_N}{d+\varepsilon}\right\| \leqslant R(1,X) + \varepsilon$.

于是

$$|x_M^*(x_N)| \leqslant |(x_M^* - x^*)(x_N)| + |x^*(x_N)| < \varepsilon.$$

为方便起见, 记 $R = R(1,X)$. 令 $x = \dfrac{x_N - x_M}{d+\varepsilon}, y = \dfrac{(1+a)((1+a)x_N + x_M)}{(d+\varepsilon)(R+a+\varepsilon)^2}$, $z = \dfrac{(1+a)(x_N + (1+a)x_M)}{(d+\varepsilon)(R+a+\varepsilon)^2}$. 显然 $x \in B_X$, 且

$$\|y\| = \left\|\frac{(1+a)(x_N + x_M + ax_N)}{(d+\varepsilon)(R+a+\varepsilon)^2}\right\| \leqslant \frac{1+a}{R+a+\varepsilon}.$$

同理 $\|z\| \leqslant \dfrac{1+a}{R+a+\varepsilon}$. 注意到

$$\|y - z\| = \frac{1+a}{(R+a+\varepsilon)^2}\left\|\frac{a(x_N - x_M)}{d+\varepsilon}\right\| \leqslant a\|x\|,$$

$$(d+\varepsilon)\|x + y\| = \left\|\left(1 + \frac{(1+a)^2}{(R+a+\varepsilon)^2}\right)x_N - \left(1 - \frac{1+a}{(R+a+\varepsilon)^2}\right)x_M\right\|$$

$$\geqslant \left(1 + \frac{(1+a)^2}{(R+a+\varepsilon)^2}\right)x_N^*(x_N) - \left(1 - \frac{1+a}{(R+a+\varepsilon)^2}\right)x_N^*(x_M)$$

$$\geqslant \left(1 + \frac{(1+a)^2}{(R+a+\varepsilon)^2}\right)(1 - \varepsilon),$$

及

$$(d+\varepsilon)\|x-z\| = \left\|\left(1 + \frac{(1+a)^2}{(R+a+\varepsilon)^2}\right)x_M - \left(1 - \frac{1+a}{(R+a+\varepsilon)^2}\right)x_N\right\|$$
$$\geqslant \left(1 + \frac{(1+a)^2}{(R+a+\varepsilon)^2}\right)x_M^*(x_M) - \left(1 - \frac{1+a}{(R+a+\varepsilon)^2}\right)x_M^*(x_N)$$
$$\geqslant \left(1 + \frac{(1+a)^2}{(R+a+\varepsilon)^2}\right)(1-\varepsilon).$$

故有

$$C_{\mathrm{NJ}}(a,X) \geqslant \left(\frac{1-\varepsilon}{d+\varepsilon}\right)^2\left(1 + \frac{(1+a)^2}{(R+a+\varepsilon)^2}\right).$$

再由 $\{x_n\}$ 和 ε 的任意性得

$$[WCS(X)]^2 C_{\mathrm{NJ}}(a,X) \geqslant 1 + \left(\frac{1+a}{R+a}\right)^2. \tag{3.6.12}$$

另一方面, 若取

$$x = \frac{x_N - x_M}{d+\varepsilon}, \quad y = \frac{(1+a)((1+a)x_N + (1-a)x_M)}{4(d+\varepsilon)},$$
$$z = \frac{(1+a)((1-a)x_N + (1+a)x_M)}{4(d+\varepsilon)}.$$

容易验证

$$x \in B_X, \quad \|y\| \leqslant \frac{1+a}{2(d+\varepsilon)} \leqslant \frac{1+a}{2}, \quad \|z\| \leqslant \frac{1+a}{2},$$

且 $\|y-z\| = \dfrac{1+a}{2}\left\|\dfrac{a(x_N - x_M)}{d+\varepsilon}\right\| \leqslant a\|x\|,$

$$(d+\varepsilon)\|x+y\| = \left\|\left(1 + \frac{(1+a)^2}{4}\right)x_N - \left(1 - \frac{1-a^2}{4}\right)x_M\right\|$$
$$\geqslant \left(1 + \frac{(1+a)^2}{4}\right)x_N^*(x_N) - \left(1 - \frac{1-a^2}{4}\right)x_N^*(x_M)$$
$$\geqslant \left(1 + \frac{(1+a)^2}{4}\right)(1-\varepsilon),$$

及

$$(d+\varepsilon)\|x-z\| = \left\|\left(1 + \frac{(1+a)^2}{4}\right)x_M - \left(1 - \frac{1-a^2}{4}\right)x_N\right\|$$
$$\geqslant \left(1 + \frac{(1+a)^2}{4}\right)x_M^*(x_M) - \left(1 - \frac{1-a^2}{4}\right)x_M^*(x_N)$$
$$\geqslant \left(1 + \frac{(1+a)^2}{4}\right)(1-\varepsilon).$$

故有

$$C_{\mathrm{NJ}}(a, X) \geqslant \left(1 + \frac{(1+a)^2}{4}\right)\left(\frac{1-\varepsilon}{d+\varepsilon}\right)^2.$$

再由 $\{x_n\}$ 和 ε 的任意性得

$$[WCS(X)]^2 C_{\mathrm{NJ}}(a, X) \geqslant 1 + \left(\frac{1+a}{2}\right)^2. \tag{3.6.13}$$

由 (3.6.12) 和 (3.6.13) 可得

$$[WCS(X)]^2 \geqslant \frac{1 + \dfrac{(1+a)^2}{\min\{2, R(1,X)+a\}^2}}{C_{\mathrm{NJ}}(a, X)}.$$

再利用下述不等式

$$R(1,X) \leqslant J(X) \leqslant J(a, X) \leqslant \sqrt{2C_{\mathrm{NJ}}(a, X)},$$

可得

推论 3.6.3 设 $a \in [0,1]$, 则对任何 Banach 空间 X 有

$$[WCS(X)]^2 \geqslant \frac{1 + \dfrac{(1+a)^2}{\min\{2, \sqrt{2C_{\mathrm{NJ}}(a, X)}+a\}^2}}{C_{\mathrm{NJ}}(a, X)}.$$

特别地,

$$[WCS(X)]^2 \geqslant \frac{1 + 2C_{\mathrm{NJ}}(X)}{2C_{\mathrm{NJ}}(X)^2}.$$

推论 3.6.4 如果存在 $a \in [0,1]$, 使得

$$\min\{2, \sqrt{2C_{\mathrm{NJ}}(a, X)} + a\}\sqrt{C_{\mathrm{NJ}}(a, X) - 1} < 1 + a,$$

则 X 具有一致正规结构.

该结果改进了定理 3.5.3 的结论.

参 考 文 献

[1] Alonso J and Llorens-Fuster E. Geometric mean and triangles inscribed in a semicircle in Banach spaces. J. Math. Anal. Appl., 2008, 340 : 1271-1283.

[2] Alonso J, Martin P and Papini P L. Wheeling around von Neumann-Jordan constant in Banach spaces. Studia Math., 2008, 188(2): 135-150.

[3] Aksoy A G and Khamsi M A. Nonstandard methods in fixed point theory. Heidelberg: Springer-Verlag, 1990.

[4] Ball K, Carlen E A and Lieb E H. Sharp uniform convexity and smoothness inequalities for trace norms. Invent Math., 1994, 115: 463-482.

[5] Banaś J. On modulus of smoothness of Banach spaces. Bull. Polish Acad. Sci. Math. Univ. Carolin., 1993, 34: 47-53.

[6] Banaś J and Frączek K. Deformation of Banach spaces. Comment. Math. Univ. Carolin., 1993, 34: 47-53.

[7] Banaś J and Rzepka B. Functions related to convexity and smoothness of normaed spaces. Rend. Circ. Mat. Palermo, 1997, 46(2): 395-424.

[8] Baronti M, Casini E and Papini P L. Triangles inscribed in semicircle, in Minkowski planes, in normed spaces. J. Math. Anal. Appl., 2000, 252: 124-146.

[9] Baronti M and Papini P L. Convexity, smoothness and moduli. Nonlinear Anal., 2009, 70: 2457-2465.

[10] Beauzamy B. Introduction to Banach spaces and their geometry. 2nd Ed.. Amsterdam, New York-Oxford: North Holland, 1985.

[11] Bonsall F F and Duncan J. Numerical range II. Lecture Note series, London Math. Soc. London, 1973, Vol 10.

[12] Casini E. About some parameters of normed linear spaces. Atti Accad. Naz. Lincei Rend. Cl.Sci.Fis.Mat. Natur., 1986, 80: 11-15.

[13] Clarkson J A. Uniformly convex spaces. Trans. Amer. Math. Soc., 1936, 40: 396-414.

[14] Clarkson J A. The von Neumann-Jordan constant for the Lebesgue space. Ann. of Math., 1937, 38: 114-115.

[15] Cui H H and Zhang Y R. A note on Banaś modulus of smoothness in the Bynum space. Appl.Math.Lett., 2010, 23: 299-301.

[16] Day M M. Some Characterizations of inner product spaces. Trans. Amer. Math. Soc., 1947, 62: 320-337.

[17] Dhompongsa S, Piraisangjun P and Saejung S. On a generalized von Neumann-Jordan

constants and uniform normal structure. Bull. Austral. Math. Soc., 2003, 67: 225-240.

[18] Dhompongsa S, Kaewkhao A and Tasena S. On a generalized James constant. J. Math. Anal. Appl., 2003, 285: 419-435.

[19] Diestel J. Sequences and series in Banach spaces. Springer GTM, 1984.

[20] Enflo P. Banach spaces which can be given an equalivalent uniformly convex norm. Israel J. Math., 1972, 13: 281-288.

[21] Fuster E L. Moduli and constants—What a show! Arailable an internet, 2006.

[22] García-Falset J, Liorens-Fuster E and Mazcuñan-Navaroo Eva M. Uniformly non-square Banach spaces have the fixed point property for nonexpansive mappings. J. Funct. Anal., 2006, 233: 494-514.

[23] Gao J and Lau K S. On the geometry of spheres in normaled linear spaces. J. Aust. Math. soc., 1990, 48: 101-112.

[24] Gao J and Lau K S. On two classes Banach spaces with uniform normal structure. Studia Math., 1991, 99: 41-56.

[25] Gao J. Normal structure and the modulus of U-convexity in Banach spaces. New York: Function spaces, Differential operators and Norlinear Analysis, 1996: 195-199.

[26] Gao J. Normal hexagon and more general Banach spaces with uniform normal structure. J. Math., 2000, 20: 241-248.

[27] Gao J. Modulus of convexity in Banach spaces. Appl. Math. Lett., 2003, 16: 273-278.

[28] Gao J. The modulus of W^*-convexity and normal structure. Appl. Math. Lett., 2004, 17: 1381-1386.

[29] Gao J. A pythagorean appoach in Banach spaces. J. Inequal. Appl., 2006: 1-11.

[30] Gobel K. Convexity of balls and fixed point theorems for mappings with nonexpansive square. Compositio Math., 1970, 22: 269-274.

[31] Gobel K and Kirk W A. Topics in metric fixed point theory. Cambridge: Cambridge University Press, 1990.

[32] Gurarii V I. On differential properties of the convexity moduli of Banach spaces. Math. Issled., 1967, 2: 141-148.

[33] Hanner O. On the uniform convexity fo L_p and l_p. Arkiv. Math., 1956, 3: 239-244.

[34] James R C. Uniformly nonsquare spaces. Ann. of Math., 1964, 80: 542-550.

[35] James R C. super-reflexive Banach spaces. Canad. J. Math., 1972, 24: 896-964.

[36] JImenez-Melado A, Liorens-Fuster E and Mazcunan-Navarro E M. The Dunkl-Williams constant, vonvexity, smoothness and normal structure. J. Math. Anal. Appl., 2008, 342: 298-310.

[37] JImenez-Melado A, Liorens-Fuster E and Saejung S. The von-Neumann-Jordan constant, weak orthogonlity and normal structure in Banach. Proc. Amer. Math. Soc., 2005, 134: 355-364.

[38] Jordan P, von Neumann J. On inner products in linear metric spaces. Ann. of Math., 1935, 36: 719-723.

[39] Kato M and Maligranda L. On James and von Neumann-Jordan constants of Lorentz sequence spaces. J. Math. Anal. Appl., 2001, 258: 457-465.

[40] Kato M and Takahashi Y. On the von Neumann-Jordan constant for Banach spaces. Proc. Amer. Math. Soc., 1997, 125: 1055-1062.

[41] Kato M and Takahashi Y. Von Neumann-Jordan constant for Lebesgue Bochner spaces. J. Inequal. Appl., 1998, 2: 302-306.

[42] Kato M, Maligranda L and Takahashi Y. On James and von Neumann-Jordan constants and normal structure coefficient of Banach spaces. Studia Math., 2001, 114: 275-295.

[43] Kato M, Satio K and Tamura T. On the ψ direct sums of Banach spaces and convexity. J. Aust. Math. Soc., 2003, 75: 413-422.

[44] Kato M, Satio K and Tamura T. Uniform non-squareness of the ψ direct sums of Banach spaces. Math. Inequal. Appl., 2004, 7: 429-437.

[45] Kato M and Takahashi Y. Type, cotype constants and Clarkson's inequalities for Banach spaces. Math. Nachr., 1997, 186: 187-195.

[46] Khamsi M A. Uniform smoothness implies super-normal structure property. Nonlinear Anal., 1992, 19: 1063-1069.

[47] Kirk W A. A fixed point theorem for mappings which do not increase distances. Amer. Math. Monthly, 1965, 72: 1004-1006.

[48] Kirk W A and Sims B. Handbook of metric fixed point theory. Kluwer Academic Publ., 2001: 93-132.

[49] Lindenstrauss J and Tazafriri L. Classical Banach spaces II, Function spaces. Berlin: Springer-Verlag, 1979.

[50] 刘培德. 鞅与 Banach 空间几何学. 科学出版社, 2007.

[51] Maligranda L. On James nonsquare and related constants of Banach spaces. preprint.

[52] Maligranda L, Nikolova L, Persson L E and Zachariades T. On n-th James and Khintchine constants of Banach spaces. Math. Inequal.Appl., 2008, 11: 1-22.

[53] Melado A J, Fuster E L and Saejung S. The von Neumann-Jordan constant, weak orthogonality and normal structure in Banach spaces. Proc. Amer. Math. Soc., 2006,

134: 355-364.

[54] Eva M. Mazcuñán-Navarro, Banach spaces properties sufficient for normal structure. J. Math. Anal. Appl., 2008, 337: 197-218.

[55] Nikolova L Y, Persson L E and Zachariades T. Carkson's inequality, type, cotype for the Edmunds-Triebel Logarithmic spaces. Arch.Math., 2003, 80: 165-176.

[56] Nordlander G. The modulus of convexity in normed linear spaces. Arik for Math., 1960, 4(2): 15-17.

[57] Prus S and Szczepanik M. New coefficients related to uniform normal normal structure. J. Nonl. Convex Anal., 2001, 2: 203-215.

[58] Saejung S. On James and von Neumann-Jordan constants and sufficient conditions for the fixed point property. J. Math. Anal. Appl., 2006, 323: 1018-1024.

[59] Satio K, Kato M and Takahashi Y. Von Neumann-Jordan constant of absolute normalized norms on $\mathbb{C}^2$. J. Math. Anal. Appl., 2000, 244: 515-532.

[60] Sims B and Smyth M A. On some Banach space properties sufficient for weak normal structure and their permanence properties. Trans. Amer. Math. Soc., 1999, 351: 497-513.

[61] Takahashi Y. Some geometric constants of Banach spaces—a unified approach, Banach and function spaces II. Yokohama Publ., Yokohama, 2008: 191-220.

[62] Takahashi Y, Kato M and Satio K. Strict convexity of absolute norms on $\mathbb{C}^2$ and direct sums of Banach spaces. J. Inequal. Appl., 2002, 7: 179-186.

[63] Takahashi Y and Kato M. Clarkson and random Clarkson inequalities for $L_r(X)$. Math. Nachr. 1997, 188: 341-348.

[64] Takahashi Y and Kato M. A simple inequality for the von Neumann-Jordan and James constants of a Banach spaces. J. Math. Anal. Appl., 2009, 359: 602-609.

[65] van Dulst D. Some more Banach spaces with normal structure. J. Math. Anal. Appl., 1984, 104: 602-609.

[66] 王廷辅, 任重道, 王丽杰. Orlicz 空间的 Neumann-Jordan 常数. 系统科学与数学, 2000, 20(3): 302-306.

[67] Wang F, Yang C. Uniform non-sequareness,uniform normal structure and Gao's constants. Math. Inequal. Appl., 2008, 11: 607-614.

[68] Wang F, Yang C. An inequality between the James and James type constants in Banach spaces. Studia Math., 2010, 201: 191-201.

[69] 王丰辉, 杨长森. Banach 空间有一致正规结构的充分条件. 数学学报, 2008, 51(4): 761-768.

[70] Wang F. On the James and von Neumann-Jordan constants in Banach spaces. Proc. Amer. Math. Soc., 2009, 138(2): 695-701.

[71] Wang F and Pang B. Some inequalities concerning the James constant in Banach spaces. J. Math.Anal.Appl., 2009, 353: 305-310.

[72] 杨长森, 赵俊峰. 凸性模估计定理的推广. 数学学报, 1998, 41(1): 81-86.

[73] 杨长森, 左红亮. Hahn-Banach 定理在凸性模定义中的应用. 数学物理学报, 2001, 21(1): 133-137.

[74] Yang C. A note of von Neumann-Jordan constant and James constant. J. Math. Anal. Appl., 2009, 357(1): 98-102.

[75] Yang C. An inequality between the James type constant and the modulus of smoothness. J. Math. Anal. Appl., 2013, 398(2): 622-629.

[76] Yang C. Von Neumann-Jordan constant for Banaś and K. Frączek space. Banach Journal of Mathematical Analysis, 2014, 8(2): 185-192.

[77] Yang C. A note on von Neumann-Jordan constant for $Z_{p,q}$ space. J. Math. Inequal., 2015, 9(2): 499-504.

[78] Yang C and Li H. An inequality between von Neumann-Jordan constant and James constant. Appl. Math. Lett., 2010, 23(3): 277-281.

[79] Yang C and Li H. An inequality on von Neumann-Jordan constant and James constant on $Z_{p,q}$ space. J. Math. Inequal., 2013, 7(1): 97-102.

[80] Yang C and Li H. The James constant for the $l_1 - l_3$ space, reprint.

[81] Yang C and Li H. On the James type constant of $l_p - l_i$ space. J. Inequal. Appl. 2015, 79: 1-6.

[82] Yang C and Wang F. On a new geometric constant related to the von Neumann-Jordan constant. J. Math. Anal. Appl., 2006, 324: 555-565.

[83] Yang C and Wang F. On estimates of the generalized von Neumann-Jordan constant of Banach spaces. J. Inequal. Pure. Appl. Math., 2006, 7(1): Art.18. 22.

[84] Yang C and Wang F. On a generalized modulus of convexity and uniform normal structure. Acta. Math. Sci, 2007, 27B(4): 838-844.

[85] Yang C and Wang F. The von Neumann-Jordan constant for a class of Day-James spaces. Mediterranean Journal of Mathematics, 2015. to appear.

[86] Yang C and Wang Y. Some properties of James type constant. Appl. Math. Lett., 2012, 25: 538-544.

[87] Yang C and Wang H. Two estimates for the James type constant. Ann. Funct. Anal., 2015, 6(1): 139-147.

[88] 俞鑫泰. Banach 空间几何理论. 上海: 华东师范大学出版社, 1986.

[89] Yamada Y, Takahashi Y and Kato M. On Hanner type inequlities with a weight for Banach spaces. J. Math. Anal. Appl., 2006, 324(2): 1228-1241.

[90] 赵俊峰. Banach 空间结构理论. 武汉: 武汉大学出版社,1992.

索　引